U0035210

E時代

媒體工房股份有限公司
出版

MILLENNIUM
恆兆文化
企劃製作

E網路創業講義

作者 林春江

往億萬富翁的車班即將出發 要上車的旅客請趕快上車！

自從Netscape(網景)1995年夏天在美國公開上市，它的股票發售價格一下子就破百元，創華爾街歷史新高，市值達40億美元，網路一下子就吸引了全球投資者的眼光。當年的Newsweek 稱1995年訂爲網際網路年。之後的Yahoo（雅虎）股價更是讓人爲網路股沸騰。在98年，當半導體業陷入寒冬時，網際網路股卻一枝獨秀，在大家的「想像」下，股價一飛沖天。資料顯示，美國去年六月至今年六月，因爲股票上市多出77位財富超過一億美元的新貴，其中有三分之二的人從事網路相關事業。

跟傳統產業動輒幾千萬幾億的廠房、設備費用比起來，網路業在老一輩的眼裡，眞是個像賭博的投資。怎麼說呢？網路業最大的資產在人才身上，不管是技術或行銷人才，都需要有極佳的創意來做創新，否則三兩下就在詭譎多變的環境下淘汰出局。目前由於網路是很新的玩意，所有在最前線的網路先驅都是年輕人，這個古有明訓：「嘴上無毛，辦事不牢！」年輕人眞有辦法嗎？

但奇怪的是，不管國內國外的股市，網路概念股都引起許多人的想像，儘管這些公司都沒賺錢，但股價卻總是一飛沖天。使得這些公司中的年輕人個個身價非凡，像雅虎的例子就不用再多說，最近另一個例子是：被微軟用兩億六千五百萬元買下的Link Exchange，創辦人謝家華和梅登是哈佛大學的同學，兩人也才不過24歲，身價至少幾千萬。

對年輕人而言，網路是個辛苦但有挑戰的環境，有很多東西可以實驗，趁年輕的時候闖一闖，損失不了多少，但卻是很好的歷練！有哪一個行業這麼有包容性，充滿著不確定性，人家說：「愛在渾沌不明時最美麗」，商機在不確定中最有吸引力！網路吸引了不少年輕人放手一搏！

這本書即是透過台灣網路界年輕創業家的故事，分享他們的經驗，提供大家一些靈感，也讓大家瞭解網路創業的機會、需要的資源，有可能遇到的問題等等，鼓勵大家將想法付諸實現，在瞬息萬變的環境中，嚐嚐X倍速的成功滋味！

作者在這本書中採訪在網路業實際經營的年輕「頭家」，暢談網路的環境：

周哲男－25歲，台灣衛博科技總經理，暨打下網路下單江山後，又提出全球第一個開發以DVD上網的構想；

至於許子謙－25歲，桑河設計負責人，率領學生夢幻團隊，從事網頁設計、活動公關，每月高達百萬營收，客户多到接不完；

陳豐偉－28歲，智邦生活報總監，以台灣第一位獨立經營南方電子報聞名，以人文角度切入網路，談經營電子報；

趙國仁－29歲，龍捲風科技總經理，台灣第一位bbs站長，對中文化的internetbbs貢獻良多，預言專業入口網站將興起；

蔡祈岩－年僅30歲，吉立通電訊網路副總，以台灣第一代電腦神童的經歷，談網路的現在與未來；

張澤銘－31歲，亞特列士總經理，挾有網路影音技術王牌，將如何打造成功的機制平台，快速複製成功模式？

張財銘－31歲，旭聯科技總經理，以獨創的同學會主題及創新行銷手法，經營網路社群，獲宏碁集團青睞的秘訣在哪裡；

林伯伋－31歲，英特連股份有限公司總經理，是台灣早期網路界的創業尖兵之一，積極進軍華人網路軟體技術開發市場；

黎怡蘭－32歲，憶弘資訊總經理，多媒體代理業的明星進軍兒童網站的經營，將有什麼創舉？

張華禎－37歲，百羅網總經理，揭露台灣的影音技術權威進軍網站的策略爲何，如何再創第一？

楊基寬—38歲創立104人力銀行，看這位營收傲人的台灣網路界大哥怎麼看網路？

此外特地請來台灣科技大學的盧熙鵬教授，由網站的經營談成功的網路行銷方法。對有心前進網路的人，這本從經營ISP、網路社群、網路軟體代理、網路技術開發、網頁設計、電子報經營、網站行銷等多種角度探討的創業親身經驗談，眞正一窺網路創業的契機。

網路將來會是什麼樣的面貌？台大商學院教授江炯聰說：「下去玩就知道了！」所謂時勢造英雄，現在的網路是個未開發的新大陸，先驅者將決定網路未來的樣貌，網路會不會因爲年輕人的投入而更多元？更草根？更民主？這些問號歡迎各位藝高人膽大者來解答，錯過這一次打造新版圖的機會，下一次不知道要等多久！

作者

林春江

目錄

桑河設計 負責人
許子謙 1975年生
O型 天蠍座 文化大學
印刷傳播系學生

桑河設計從事網站的公關、行銷、網站設計等業務，代表作即是網路鬼王網站。以半年內就回收投資的成績笑傲網路界。負責人許子謙說：「我早就知道要走設計的路線，網路則讓我找到發揮的空間，並提供創業的機會。」而令人驚訝的是，它的成員來自高中大學的學長學弟，且都是一票有豐富工作經驗的學生，現在桑河設計還在继續擴張中——

意見領袖

許子謙念成功高中時，就是很有份量的人物。他的點子多，才情高，在學校裡又能廣結善緣，一向就很吃得開。據他表示，雖然他只是代聯會的幹部，「但是主席都會來請教我的意見。」雖然在教官室及訓導處的記錄不是頂好，也一直是很愛玩、上課愛打混的學生，不過他覺得能夠考上大學就算沒玩過頭了。「當初沒有人認為我考得上大學的！以前高中聯考只剩64天，也沒有人相信我考的上公立高中！我好像一直都是那種不被外界看好，卻又總以黑馬姿態竄出的那種人。」

許子謙形容高中的自己是「很霸氣，脾氣不好的人。」那時的他，一見到不喜歡的事就發脾氣、動口開罵。但現在的他，瀟灑依舊，卻斯文有禮，謙和沈穩。和他形容的高中時代，完全無法聯想在一起。「完全是創業後，心態才漸漸改變的，我不會再期望自己像一匹黑馬，反而要努力的扎穩根基，然後再誠懇收穫。」

立志從事設計

許子謙小時候就喜歡畫畫，很確定自己喜歡設計，因此考大學時，就選擇文化大學印刷傳播系的設計組就讀。但是學校所教的東西，不能滿足他的求知慾，1993年，他在開始接觸網路後，有機會逛國外的設計及藝術網站，從此開了他的眼界，連新聞網站、購物網站、五花八門的個人網站，他都會去看一看。對喜歡設計的他而言，網路上的網頁設計，尤其國外的網頁是很美的視覺享受，讓他不自覺廢寢忘食，也在不知不覺中累積他設計的功力。

至於興起學網頁設計的念頭，是因為父親的公司想上網，問他能不能幫忙。從此他從純粹的逛網站，開始研究如何申請帳號，申請E-mail。後來他更嘗試自己設計網頁，從基本的HTML開始學，後來因有口碑而開始了他的創業生涯。雖然他還沒畢業，但已經有公司願意以四萬五的高薪請他坐鎮公司的網頁規劃部門喔！（不過，他也很尷尬地表示，父親交代的任務尚未完成……）

自我學習

念了印刷傳播系的許子謙，其實花很多時間在上大傳系、廣告系的課，認真的程度讓大傳系的老師還以為他是大傳系的學生。他認為「大學並沒有完全提供我想學的東西，因為每一個科目是一門專業學問，我坦承自己感興趣的科目並不太多，除了設計相關學科，基本的管理、企劃概念……之外，學校上的課跟我現在的公司業務其實並不大相關。但很重要的是，我學到了「自我學習」與「獨立思考」的重要，並善用時間（課餘，無聊的課堂）和資源（網路、圖書館…）去追求我自己想要的知識，而不是坐在教室等老師教我什麼。」所以，他早在學校開網頁設計的課之前，就自己看書摸索，還小有成績。

第一屆惠普盃冠軍

大二開始自己學網頁設計的許子謙，參加第一屆的惠普盃全國網路創意應用大賽，就拿下冠軍，這個得獎作品「JOHS創意工廠」，是許子謙第一個網站，以Photoshop教學為主，他把自己的使用心得與大家分享，受到不少人的鼓勵與支持，有的是從香港、大陸，更有遠從美加的來的掌聲。許子謙也很努力的不斷隨Photoshop升級而改版。可惜後來課業與事業繁忙，這個網站就停頓下來了。不過，他也提到，將來有機會他會再重新出發，再開類似這種教學的網站，請大家拭目以待。

許子謙說：「網路之所以會吸引我，並不是因為那些免費好康的誘餌或是色情圖片，而是因為網路帶給我大量、快速且多元化的資訊，讓我欲罷不能，我是一個愛看書卻不愛看報的人，因為報紙除了新聞之外，其餘內容的深度及廣度均有限，而現在我只要在網路上訂閱一份電子報，就能夠預先篩選新聞資料的類別，發現一個主題之後，還可以到搜尋引擎尋找深度廣度更大的資料，更可以在討論區提出問題，讓全世界的user幫您解答…這是網路吸引我的地方。當初的那個教學站曾經引領數萬名網友進入數位影像的領域，雖然它停下來了，但有更多的人會繼續下去，網路上似乎永遠都有些人，不斷在做一些回饋與奉獻的事。」

桑河設計

原先許子謙和幾個高中的學長學弟想做一個入口型的媒體網站，在經過幾個禮拜的製作後，發現所需的人力、時間、金錢不是他們現階段所能負荷，因此他們只好「迂迴前進」，先想辦法賺錢再說。首先大家分別拿出五萬、十萬不等，湊了60萬成立一家公司，架起桑河設計的網站招攬網頁設計的生意。其他人則分別在政治公關公司、ISP客服部、以及電腦公司打工。

許子謙的公司取名「桑河」是從國外著名的一套遊戲衍生而來，遊戲中以「Shanger（商朝人）」代表中國歷史文化的起源，只是後來公司名稱無法使用「商」這個字，而改以「桑」字代替。許子謙以及工作夥伴的設計功力在網站上充分發揮，因此他可以很自豪的表示：「我的客戶95%從網站上來，從來不必去開發、招攬客戶，甚至有時候業務太忙，還會挑Case。」他們可是有點小小的得意喔。

當初還是學生的身份就開公司，家長們多少都會擔心，一般的觀念認為男生念完書去當兵，當完兵回來再就業是理所當然的，但桑河的夥伴們卻和別人有不一樣的想法和做法。其中負責行銷公關的詹任斡就道出他們的心聲：

「我們只是想要在自己三十歲的時候，完成別人四、五十歲還做不到的事」！其中的「事」當然不是光指「賺錢」一項，他們從來不認為賺錢是成立公司的首要目的，反而更積極的拓展人際關係和交朋友，雖然每個人都有自己的目標和理想，藝術家、企業家、最佳幕僚、服裝設計師⋯等，或許有些形象和他們現今的所作所為相差很遠，但無論將來是哪一個角色，在未來的五年、十年、二十年或更遠，他們都在心裡承諾著會是最好的朋友以及合作夥伴。

桑河目前每個月大約都還有數十萬的生意，接的案子隨著經驗增加也越來越大。「和家裡的爭執減少了，講話也比較大聲了。」許子謙笑著說。不要小看桑河目前的簡陋辦公室，窩在中和的一個小角落，不久的未來，他們就會將工作環境搬到台北的市中心，擴編和增資也在計畫當中，預計公司的規模將會是現在的數倍之大。

傑出校友？

前一陣子許子謙去學校註冊，某位教授看到他很高興的跑來跟他握手，還問這位「傑出校友」：「你來學校做什麼？」許子謙回答：「我來註冊啊！」原來許子謙已經堂堂邁入大六，雖然還沒畢業，但桑河的名聲已經傳到師長耳裏，老師們也都蠻為他高興的，不過在功課上仍是非常嚴格把關。所以許子謙還是繼續頂著學生身份在經營事業。

許子謙自己是學生，創業伙伴也都是高中的學長學弟，剛開始時，只有一個人負責視覺設計，另一個人負責寫程式和編輯網頁。但眼見業務量不斷增加，慢慢增加其他的設計人員及攝影、插畫人員等等。由於桑河的設計概念突出，也吸引不少業餘或業界設計高手，偶爾客串顧問的角色，所以桑河一直能在業界有不錯的口碑，有接不完的生意。這個高中唸四年，大學唸六年的老學生雖然從來不被老師列入「乖寶寶名單」，但在網路以及創業的成績斐然，算得上是傑出校友。

三不政策

桑河接的客戶，多以高科技業和貿易公司為主，也有廣告公司、傳播業界的客戶，其中也有不少是重新設計或改良的。桑河除了設計比別人強，收費也合理，因此受到不少人歡迎，案子多到可以拒絕人家。他們還提出了所謂「三不政策」，即是太麻煩的不接、利潤不多的不接、態度不好的不接。「因為之前接觸過一些不懂網路或不懂設計客戶，因為雙方的觀念和態度不同而產生摩擦，讓我們感覺自己的創意和專業不被尊重和重視。」所以他們才有這樣的「政策」，「同樣的情形在歐美或日本的情況就不同了」許子謙

結交了許多國外的設計師朋友，他們普遍都是一開始就和客戶之間取得信任，正式開始製作之後，客戶就不會隨意改變想法或創意，也絕對的尊重專業。

許子謙笑著說，「三不政策當然這是開玩笑的，這完全違反做生意的原則，尤其在中國人的市場，客戶大多會盡其所能的挑毛病，然後又一面盡其所能的殺價，而設計也算是一種服務，犧牲在所難免。」他也很認真的指出，創業後自己真的改變很多，最明顯的是脾氣變好了！因為感覺到會影響別人的工作情緒，還有就是和客戶接洽的過程中，學著去瞭解對方的想法和背景。這個三不政策的玩笑，說明了創業讓他成長不少，但他也仍保有學生的瀟灑作風。

桑河設計的轉型

許子謙說，他老是面臨人才不夠的困境，由於他自己對設計質感的堅持，他一直很想找一個和他自己完全一模一樣的人，「能完全掌握住我想要的感覺和品質，真是太難找了。」之前合作很久的伙伴或是中途加入的朋友，有的當兵，有的準備研究所，因此設計人才面臨斷層。除了設計人才之外，程式高手和企劃人員也是目前亟需要的人手。倘若網站的內容涉及到商務，更需要多方的人才與廠商配合，現在桑河正計畫性的將網站設計業務逐漸停擺，開始接洽一些內容網站的合作機會，邁向網路行銷和電子商務的領域，希望能讓這些曾分處於各行各業的朋友，發揮他們的宣傳、公關、企劃長才以及資源整合的能力。

代表作：鬼王網站

由於開始接到大案子，不再只是單純的網頁設計，而開始規劃網站、經營網站，所以他開始找來高中大學的同學，將桑河和這些熟悉傳統媒體與行銷的人才，合併在同一個地方工作，但桑河的特色仍在：還是由學生當家。

由於人才的背景不同，桑河設計的業務將鎖定在「電子商務」和「網路行銷」上，雖說是學生，但工作能力可不含糊，由於已經有豐富的打工經驗，這次他們以神怪靈異為主題的網站，宣傳造勢的功力可不輸有多年業界經驗的前輩，除了記者會當天讓場地爆滿之外，還成功的讓「網路鬼王」這個網站登上了十數家新聞媒體，在HotRank排行榜裡面，輕易的打入了前十大熱門網站。

這次由郭子乾擔任代言人的鬼王網站，除了網頁設計，他們還包辦校園宣傳、記者會、傳統市場通路的開發，例如0204的鬼故事熱線、鬼故事徵文都引起不少人的好奇，目前每天約有7000人的首頁開啓人次。

許子謙很強調朋友的重要，由於從桑河開張以來，他認為做生意若只是單純做交易，是很沒意思的事，他很得意：「我們會儘可能的和合作的客戶或廠商成為朋友，這不僅能讓工作的心情愉快一點，還能夠建立更長遠的合作關係，這成了我們在宣傳上很有力的支援。這次的網站宣傳就靠許多朋友的幫助，幫我們打響知名度。」

學生創業

學生創業的心得如何？基本上大家都不是衝著錢來的，倒有點為朋友兩肋插刀的義氣。負責校園宣傳的林漢中就說：「因為自己的學生身份，特別能瞭解學生的需求，比較容易打入他們的圈子。」許子謙則認為公司業務成長的太快，讓他有措手不及的感覺，「學校的功課也------」。他覺得最近頻頻接受採訪，發現自己有點「名過於實」，雖然一直自許自己和工作夥伴是青春活力、創意無限，自己也可以和一些經驗、年紀長我許多的前輩侃侃而談「電子商務」或「網際網路未來之我見」，但若以他的的經驗和學識來說，不過是個網際網路的觀察者和接觸者而已，充其量只可說是一個網路視覺藝術創作者。若稱自己是網際網路實踐家、理想家甚或是評論家，則還有一段距離要走。

以使用者眼光出發

許子謙其實也沒有預期桑河會有這麼好的成績，但後來慢慢體會到自己的優勢，「我們一向會以消費者和使用者的心態來接觸Internet這個環境，也不斷的與網站或網站所有人意見交流，我也常常需要和一些不常上網的朋友或是非網路相關行業的朋友詢問意見，這只是為了要多了解這些人的心態和想法，而不以自己的預設立場來看每一個環節。」也許因為還是學生的身份，所以對許多事物能真正抱著學習的角度，沒有先入為主的觀念，學生的身份在服務業反而是一種優勢。

PS：接下來這一段是許子謙的作文（這好像是許子謙的習慣，自己動手來！）。題目就是看網際網路，由於可從此文章看出許子謙天馬行空的想法，非常有趣，就決定原封不動刊出。

看網際網路

若要我評斷一個網站的好壞或未來的存亡發展，我會將網站的內容列在第一順位，雖然我的本職是一個視覺設計工作者，但我仍然會將內容擺在第一個要素，當然一個網站的行銷宣傳、程式功能、視覺感受、操作界面、下載速度⋯⋯等都是重點，但我仍然會給那些內容很棒，設計、功能卻平淡無奇的網站打很高的分數。

姑且不論那些能夠藉著雄厚資金或宣傳優勢（通常是二者兼具）而打造起知名度的網站，倘若一個網站長久以來都留不住人潮，那一定是內容出了問

題。倘若有個網站的內容能夠在同領域的網站裡面引領翹楚，就算我剛剛說的那些重點一個都沒有，也有可能成為當下霸主。我常引「超頻者的天堂」作例子，這個網站當紅的時候，內容的深度和廣度的確是電腦硬體業界無人能敵的，只有口耳相傳，沒有任何的設計感，沒有太多花俏的功能，卻能夠創造歎為觀止的人潮流量，而站長（中興法商學生）以非商業的角度出發，做專業的測試報告，挑產品的毛病，匯集使用者的力量…更常讓那些硬體公司冒冷汗。

網站的內容的深度和廣度其實盡在人為，無論是提供鏈結（如搜尋引擎），提供服務（如免費E-mail、計數器、社群…），或者提供新聞，提供自製資訊…重點是要在選擇的主題或領域裡面，做到真正的專業。太多人都想在傳統的市場裡面利用網路來搶生意了，賣書、賣CD、賣3C商品、賣服務…但電子商務牽涉到的傳統層面真的是太廣泛了，甚至我們只能說現今的網路購物只是提供了傳統商務的另一個銷售通路而已，我們勢必要和傳統通路的廠商競爭。

在大部分企業或投資者的眼中，「網路廣告」和「電子商務」是網路範疇裡面能夠產生立即利潤的地方，也是因應網路媒體時代來臨之前，一個跨出門檻的先行步驟。但光就這二個名詞而論，就不知有多少的專業包含在裡面，不是說這二個名詞的解釋很專業，而是說要做到這二個名詞所包含的事，需要很多很多不同領域的專業知識和很多的專業人才。最近聽到一些網路人或企業人不斷的用到「金流」、「物流」、「資訊流」這幾個名詞，不曉得是怎麼回事，我甚至感覺連速食店的打烊班歐巴桑都曉得這些名詞一樣，這些字眼不斷出現在我的生活裡面。

似乎很多人都把這些電子商務或傳統商務的必要環節，看得太草率或太輕而易舉了，也似乎有很多人尋著Internet發展史上的實際經驗，認爲虧錢是投資網路的必要舉動，認爲我們不應該想太早在Internet上面回收，除非賣掉公司，股票上市，或者將您辛苦建立的客戶忠誠度轉讓給另一個更大的企業。

倘若有一個公司專門製作人潮密集、會員忠誠度很高的熱門網站，又把網站當成商品買賣，或是力炒股票上市賺取股利，是不是也可以歸類為某一種「B to B」或「B to C」或「B to B」+「B to C」的電子商務類型呢。我想我若有一個每天百萬人次的網站，我應該不會把它賣掉，但如果我有十個，賣一二個又何妨呢？

這個年輕的隊伍，有一個酷酷的Slogan「最好的永遠誕生在未來」，因為對現狀不滿，才有不斷創造不斷尋求突破的動力吧！這不就是發明網路的初

衷嗎？在他們身上特別能感受到網路的力量！也讓人對網路有更多想像！

台灣衛博科技股份有限公司總經理
周揞男 1975年生
O型 天秤座
美國南加大資訊與經濟雙修

有著典型專業經理人的打扮，訓練有素的言談，講話輕聲卻沈穩，有條理且切中主題，和其他總經理唯一不同的是，年輕的臉龐。64年次的他，在某些人眼裡，還是個小孩子，但只要聽他談起他的計畫，就會被他所規劃的藍圖嚇一跳！

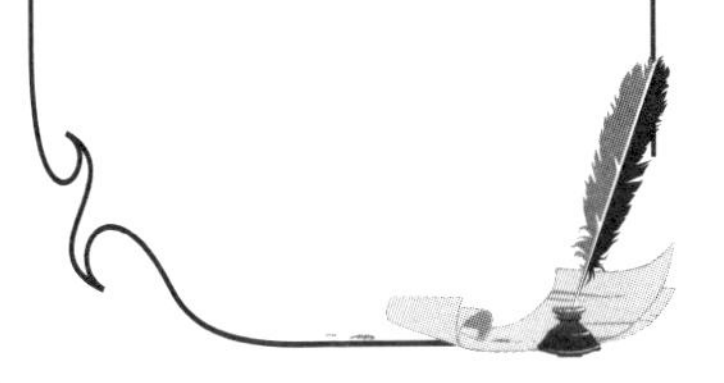

小留學生

國中還沒畢業，就跟父母要求獨自到國外唸書的周哲男，原先在加拿大念高中，後來在美國南加大讀經濟與資訊管理畢業。這個資訊管理啊，是商學院下的資訊管理，也就是說，是學習如何應用電腦的學問，但不負責寫程式或開發的工作。雖然沒有網路的技術背景，周哲男倒是很看好這個市場，也十分懂得如何應用網路這個新興技術，並將它發揮的淋漓盡致。

在大學時，就因著迷網路，而和同學合辦一個網站，針對當地華人學生提供生活上食衣住行育樂等資訊。後來他深覺網路明明有很大的商機，卻沒有多少人真正從網路上獲利，便開始思考應該經營什麼樣的網站呢？只是單純的服務性網站嗎？而當時的網站就是只純粹提供服務，這不能滿足學商的他，想在網路有所發展的企圖心，後來畢業時便放棄經營這個網站。他那時就認真思考「大家都說網路要看未來，但一定有可以快一點就可以真正賺錢的Business Model。」

公誠的輝煌戰績

1997年底才從南加大畢業的周哲男，回台灣休假，準備再去日本求學。但他在南加大的同學，公誠證券董事長的兒子，謝國樑，邀他一塊策劃網路下單的業務，建立台灣的E-trade。後來又從大信證券挖來嚴啓慧，嚴啓慧是大信證券參與規劃網路下單的大將，大信雖是台灣最早投入這個市場，但卻沒有公誠證券在網路下單業務上的響亮。

三人交出亮眼的成績單：電子券商部從四個人做到三十人的規模，業績由原來的四億逼近百億的金額，中間不只到半年的時間！加上其他琳瑯滿目的業務，如電話語音下單、電話語音解盤、多元化理財資訊服務等，幾乎所有想得到的策略如削價競爭、異業策略聯盟等，都緊緊抓住了消費者的眼光及需求，使公誠在市場上一炮而紅。

三權分立

由周哲男在公誠獨排眾議，經過不斷溝通，所規劃的一些制度，可看出他的毅力與深思熟慮。

當時有人對他堅持在公誠證券開戶的舊客戶需先取消舊戶頭，才能在公誠電子券商部門開戶，不以為然。但他為了落實利潤中心的理念，讓電子券商部的成績有更大的發展空間，而且避免新舊部門業務互相衝突，還是努力說服反對意見。而最後，電子券商部門的閃亮成績說明一切。

在當時，周哲男的年輕與專業自然受到不少懷疑，也聽過不少閒言閒語，周哲男笑笑地說「還好，我的耳朵只要聽該聽的、想聽的，不好聽的話不會放在心上，把事情做好就是了！」

我只要我想要的客戶

在公誠券商時期，他就率領一群美國AT&T實驗室出身的工程師，開發網路下單的使用介面、網路機器與交易主機的連結。當時周哲男不懂網路技術，對股票也不是那麼熟悉，但還是一肩挑起開發程式過程中的溝通任務。

成功開發之後，考慮到網路下單不必負擔聘請營業員的成本，便參考美國網路券商的削價競爭策略，喊出每月成交值達三百萬，手續費折讓三分之一的口號，這對以當沖、短線操作為主的股票族很有吸引力，當時有不少人便衝著手續費折扣而來。

「因為用網路下單時，三萬和三百萬的處理成本、時間相同，為了避免電腦處理量過大，就設定這個門檻。我想得很清楚，資源有限的情況下，我只要我想要的客戶。」來公誠之前，完全不懂股票的周哲男，提出這些想法時，內部反對聲浪之大是可想而知的。「閒言閒語很多，但是我只聽我該聽的。」周哲男微笑著說。

他完全能體諒這些人的想法，由於公誠是已有近二十多年歷史的券商，難免對新觀念不能馬上接受。因此他強調「溝通」很重要，「你要讓人家知道，你是真的想做好一件事，而不會傷害到他或對他不利。只要你言之成理，且清楚表明你的意圖，人家還是能接受的，這點很重要。」周哲男年紀雖小，膽識之成熟，令人側目。

衛博科技－新挑戰

今年六月成立的衛博，是周哲男另一個新挑戰。他很興奮的表示，這是他自己比較喜歡的領域，活躍的他，學生時就經營專為華人留學生服務的網站，而現在，隨著年紀增加，目標也變大了，衛博希望開發一個以台灣為出發點，完全屬於中國人的跨領域網路平台。

衛博科技的樣貌，由於總經理周哲男過去在證券業的經歷，所以剛開始也是以證券金融領域起家，最終目標是提供網友生活化的網路平台。將來的衛博科技會員，旅行前只要輸入出發時間、回程時間，身份證字號，就可以瀏覽符合需要的各家航空公司班次，選定哪家航空公司與班機之後，就可以用衛博的會員卡簽帳，便可收到行程確認函，就可以出發到機場。CHECK IN時再確認一次身份即可上機，機票？免啦！

「除了機票、電影票，只要是會員，就算張學友三個月後才發片的CD，也可以用我們發的信用卡預訂，並付費，享受眾多服務。」可以想見，這需要結合許多的系統整合資源，和龐大的人力、資金，然而主持這家公司的總經理周哲男，卻一點也不擔心。「我們目前員工已有二十三人，資本額已募達一億，我不要做一個很大的PORTAL，讓大家經過而已，我要做一個終點

站，大家想到需要什麼資訊、票務服務等就會上來衛博。」

衛博的商機在哪裡？周哲男再次試著在市場中，找出「想要的客戶」。因為這份自信，衛博的服務推出會員制，依不同等級繳交不同的年費，不同等級的會員享有不同的服務，它的概念就像一種高級Club，針對個人做量身定做的服務。所以周哲男不把利潤鎖在廣告收入，而是在會費收入、以及向企業收佣金。「我們設計問券、分析客戶需求、經營顧客，提供完善的服務、資訊，然後跟企業抽佣金，因為客戶是我們帶來的！另一方面，我們提供一流的服務，使用者付費也是很合理的作法！」周哲男解釋TWOL的經營機制。

活氧計畫

凡事有計畫的周哲男，眼看目前台灣網路的一片廝殺，也曾苦思如何殺出重圍？結果想出了「活氧計畫」！由此可看出周哲男的企圖心多大，他不滿足原有的上網人口，而是進一步開發上網人口。

用心觀察市場的周哲男注意到，台灣還有不少人不熟悉甚至不懂如何上網，尤其是年紀較大的族群，既然衛博的目標放在網路的平民化、生活化，就要從讓大家熟悉上網開始，這就是他所謂的「活氧計畫」。衛博找來優秀的研發人員和廠商，努力推動這個計畫，目標就是不懂得上網的人口，能用

熟悉的方式上網。最先推出的便是用DVD上網。

用DVD上網

周哲男找到家電業者來合作，加入衛博的收費會員能得到一台多功能的DVD，會員可以用這台DVD和電視上網，一開始的介面就可讓你選擇是要上網、收信、還是看影片、電視。對不熟悉電腦、網路的人來說，真是太方便了。「原先也考慮要直接找Cable業者合作，但發現先和家電業合作者對我們較有利，如成本、策略上的因素。而且，我相信將來Cable業者和其他人都會自動找上門。」

將來還會繼續開發用大哥大上網，用PDA上網的可能性。

要說服別人，要先說服自己

「上網的人是來找資訊的，他們都蠻清楚自己要什麼，所以我們就要提供它們想要的，不要給他們不想要的。」TWOL面對上網的人，不必推銷，只要提供詳細的各家服務內容，供人選擇，就夠了。「想要靠廣告賺錢，不是長久之計。」

他自有一套經營理念，他堅持「要說服別人，要先說服自己。」也就是說，若不是好產品，花再多的廣告、促銷都沒有用。所以衛博要抱著做服務業的心態經營，貼近消費者的想法。周哲男點出他經營網路市場的出發點，

就是想清楚消費者要什麼？「消費者對網路要求的是什麼？第一是方便，第二是他所需要的服務！」

周哲男總是有著很明確的目標，「我只要我想要的客戶」，既是在經營企業，就不能盲目提供服務，等著別人上門。「使用者付費」對業者和消費者都是很正常、很公平的觀念，所以台灣衛博會針對會員收費，分為不同等級，各有不同的享受。

周哲男的提案獲得不少人的青睞，加上以往的成績，使衛博輕鬆的募集到資金，不到半年就從一千萬到一億，現在又不止這個數字。他也不負股東的期許，他樂觀地預計明年就可回收一億，周哲男的自信從何而生？

消費者的習慣是可以培養的

針對目前國內外網路業，哭的人多，笑的人少的情況，網路真的不可能獲利嗎？周哲男很肯定的指出，「網路的商機絕對有，現在就靠大家各顯神通，彼此都在觀望別人。我的把握在於，我相信消費者的習慣是可以培養的」。衛博的定位就很清楚，提供生活資訊，「TWOL的工作就是幫消費者找好一切所需的服務，提供詳盡的資訊，當大家想訂票或旅遊，會知道要來TWOL查詢資料，因為它提供最完整的資訊時，我們就成功了。」

「品牌、定位很重要，像AMAZON一直不斷擴張連結，好像琳瑯滿目，但大家想到AMAZON還是想到它是賣書的。所以與其大家頂著響亮的AMAZON名號，還不如將其他部門另外獨立出來，旗幟鮮明，消費者才不會混淆。」

台灣衛博下面的任一項服務，如保險服務，就另外設一個網站和公司來經營；票務服務也是另外成立公司請專業經理人主持，等TWOL推出，陸續也會公開亮相。由於這兩個領域目前還沒有明顯的龍頭，還是一個可著墨的重點，所以周哲男特別加強這兩個領域。

衛博涵蓋的範圍將包含保險、精品、娛樂、生活資訊、網路銀行、電子投顧、新聞中心、購物區、票務中心，其中保險和票務將先獨立成子公司，至於其他部分則是以策略聯盟的方式，與別人合作。選擇票務和保險是因為考慮到，目前網路經營電子商務的大問題是金流和物流的支援還不夠完善，而票務和網路下單一樣，有高單價的特性，容易在網路上經營。

台灣的AOL

現階段，衛博的目標是成為台灣的AOL，將狠狠花一筆錢在宣傳造勢上，周哲男強調，要「一鼓作氣」。衛博召募會員，會先以金融證券領域開發，其次，將會陸續從其家人，或跳到女性市場來做開發，可以確定的是，衛博總是一次開發一個族群，採穩紮穩打的作法。

「TWOL就像是首都，一統天下前，要先搶佔首都，有了最重要的根據地，再慢慢拿下其他城市。」由於台灣衛博的計畫很有挑戰性，才能吸引許多人投資與合作。

除了原有券商部分的伙伴，周哲男還很順利地與台灣電訊合作，獲得獨家10000名新撥接帳號，這讓衛博可以保障用戶不限時數的撥接品質。除了三十多家的證券業外，倚天資訊、中央社、香港的網上行，都已是衛博的合作伙伴，充實網站內容。照周哲男的規劃，還會陸續有許多伙伴加入。

你快樂，所以我快樂

套句王菲的歌詞，「你快樂，所以我快樂」用在天秤座的周哲男身上，真是貼切。他很強調辦公室向心力與活潑的氣氛，「要讓員工覺得像在家一樣輕鬆，人人都好溝通。」在員工眼中，周哲男是一個凡事為員工著想的老闆：公司有盈餘，一定優先分配給員工；平常每個星期都會主動帶員工去聚餐。周哲男是真的把大家當朋友，所以才能做到「好東西要跟好朋友分享」。

周哲男處理人際關係上的細膩，令人印象深刻。為避免「年少得志」的刻板負面印象，他特別謹言慎行。此外，「我是會主動去接近別人的人」，讓別人感受自己的善意。他也以增加自己的溝通力與執行力為目標，因為他認為只要經過良好的溝通，很多問題都可以避免或解決。

在簡單的辦公室擺設中，他最喜歡一台紅色的「協力車」，他認為公司有階層之分，是為了做決策，所不得不然的設計。但公司的業務，一定要大家協力合作才會成功，所以他會處處以同仁福利為重。

當然很多人會好奇他的年紀及經歷，是否能承擔這麼大的責任？他一直強調，「跟年紀沒有關係」。他認為由於在國外求學的經驗，對網路並不陌生，而目前美國的網路界較台灣早出發了幾步，因此讓他有機會觀察到各種案例，並思考網路的商機在哪裡。

活得精彩最重要

問他對成功的看法，他笑著說「別人高興，我就很高興。成功的定義對每個人都不一樣，我自己覺得，活得精彩最重要。」年紀輕輕，就打過漂亮的一仗，現在又帶領一家公司，壓力大嗎？周哲男笑著說：「還好，目前作息都很正常，我只想著把事情做好，其它的東西不會想太多。尤其是做自己想做的事，且想得很清楚了，一步一步去做，只有成就感，並不覺得有壓力！」

「當初我的打算是回台灣休息一陣，然後繼續唸書，拿到碩士後，找份工作，等有經驗了，就自己做個小生意。」沒想到，周哲男就這樣留在台灣，

事業一個接一個開始，欲罷不能。

不像一般的工作狂或夜貓子，周哲男一直都維持規律的生活，每天12點一定睡覺，早上6點半起床做運動，八點半一定到公司。只要是和公事有關的書報資料都看，不過「我不看閒書」。

遇到問題時，總是自己思考，尋求解決方法，從小獨立自主慣的周哲男一向就很有自己的一套。當年那個總在公車上思考的小留學生，已經成為一個認真生活，相信溝通的專業經理人，與其他同樣年輕的經理人，一步一步開拓網路大業。

智邦生活報 總監
陳豐偉 1971年生
AB型 雙魚座
高雄醫學院 醫學系
從小在高雄出生、長大、求學到成家立業，陳豐偉在1995年五月，自己的書房中創辦南方電子報，取名「南方」是一種除了對家鄉的認同外，還帶著對主流勢力挑戰的意味。這種精神是個硬頸的種子，將在智邦生活館中開始發芽，期許將來爲臺灣有心的文字工作者，提供一片綠蔭，也在網路上創業。

對人文的觸角

陳豐偉從國小國中時就迷上柏楊、李敖和龍應台的書，此外黨外雜誌更讓陳豐偉開始對所見所聞都保持一種敏銳，也開始關心人文、社會議題。上了大學後，開始直接接觸並參與社運團體，大二時更當起校園記者，帶著相機到處採訪。文筆不錯的他，更在1995年，看完電影「好男好女」後，寫一篇同名短篇，還因此獲時報文學獎。

南方社區文化網路

即使在課業繁重的醫學院，也沒有放棄關心弱勢團體的發展，積極投入環保及社區運動，為他們做紀錄報導的工作，網路對他來說，是個很好的戰場。因為過去主流媒體幾乎沒有空間，讓這些沈重，有爭議性的話題得到注意與關心。

94年時，因為死黨要殺價，拉他一塊買數據機，從此開始上網。當他發現了網路的力量，在一次社區文史工作者會議中，他提議用BBS作為發聲的管道。這一次的發言，讓中國時報的寶島版主編注意得這個有理想的年輕人，請他主筆網路專欄。

後來在一次訪問中山大學網路組組長陳年興教授時，由於陳教授對網路的提倡不遺餘力，跟他談起各大專院校網站的蓬勃發展，這給了陳豐偉很大的鼓舞。後來在中山大學的技術協助下，他開始以一部四八六電腦，在自己書房架起網站「南方」，將這些社團的消息放在網路上，並以電子報的方式，發送給相關人員及關心這些議題的人，就在這年的五月，台灣第一份正式的電子報出刊，就是「南方電子報」。

創刊之時，網路還是速度很慢的環境，陳豐偉用「落後」的mailing list來發報，這是一般人非常陌生的工具，「mailing list簡單而且滲透力強大，所以有許多小衆、精緻而且尖端的討論，透過國外的mailing list來進行。因為它可以顯示出訂戶人數和電子信箱所在，也能作為收費依據，對於市場潛力、廣告效益能夠完全顯現。」即使後來當兵去，陳豐偉也充分發揮科技的好處，用筆記型電腦繼續出刊，沒有中斷。

陳豐偉為維護這份刊物，人文、社區、弱勢、綠色的調性，堅持「讓商業邏輯下失去戰場的理想在網路發聲」，所以剛開始時，他在人力十分孤獨。但陳豐偉很開心的是，除了相關工作者的熱烈迴響外，更吸引不少關心這些議題的學生。後來，這些學生有的還成了南方的義工，幫忙聯繫、設計網頁等工作。

南方的茁壯

南方走得雖辛苦，但一直受到眷顧。沒一開始，就陸續有人以個人或公司的方式贊助他，如博客來就是長期贊助者之一。出刊四年多後，多了二名專職工作人員，設備升級，各社運文化團體加盟網站陸續增加，訂戶達兩萬五千名。

過去南方從一個人開始，後來也頂多兩、三個人就可以出產這麼多內容，且一路走來，迴響贊助不斷，因此以他維持這份刊物的心得，讓陳豐偉深信，電子報可以是個人媒體。

「贊助過我的超過一百多人，很多人都是高知識分子，很有理想性，也很信得過我，想做什麼都有很熱列的回應，而且都是很真誠的互動與無條件的支持。」這是支持陳豐偉繼續下去的最大力量。

其他社運團體受了陳豐偉的鼓勵，也開始積極上網，但在前兩三年，網路還是學生流行的玩意兒，陳豐偉花了許多時間和精神，義務為這些社運團體上課，讓他們也能上網，找到新的發言空間。

當時智邦網際網路事業處協理邱國台是南方電子報的訂戶兼贊助者。當智邦科技打算開辦智邦生活館時，便讓南方到智邦生活館享用免費網路資源，並以顧問費名義，給予每月一萬元的贊助。有了企業的支持，他更積極地將社運相關團體及作家找來加盟，一起在網路上實現理想，如人本教育基金會。

南方的高訂閱量及忠誠度，加上背後許多關心改革、弱勢團體的知識份子群及作者群，對平面雜誌及刻意經營的商業網站、電子報，成了一則傳奇。以他自己的說法是「文化領域上，由高雄突破地域限制，主導全國性事務的罕見案例。」陳豐偉除了他自己醫師的事業外，在網路上創了一個不凡的「志業」。

資訊教育推廣

陳豐偉自己從國中就從Apple組合語言開始碰電腦，有感於台灣對資訊教育的不夠紮實與全面化，也做了一些努力。「很多人以為做個漂亮的網頁放上網，就是資訊教育。但其實重要的是啓發使用者的興趣，讓使用者會利用網路找資源，自我學習，才能發揮網路的價值。尤其在聯考壓力下，許多學生不會認真去研究的，當新加坡正努力推廣的時候，台灣的情況令人失望。」

就如同他創辦南方的熱情，他與新新聞出版社合作，出了三本書，「國民版網路全書」、「Becky是你小郵差」以及「ICQ讓你不寂寞」。他介紹一些最基本，最實用的網路工具與常識，給許多對網路還不熟悉的大眾，期望大家能透過對網路的認識，提升台灣的生產競爭力、心胸視野、和精神層次。

南方有三報

大型網站看上南方的號召力，去年（1999年）紛紛找他合作。去年六月南方難得休刊一個月，就是因為要改版，重新面世。七月，最有批判性的「老牌」南方電子報，現在由Seed net 發行；另外又在與PC home合作抒情取向的「南方人文報」；以及以女性為訴求的「南方女性生活報」。雖然南方的面貌因為合作對象的觀係而有所改變，但其實還是環繞在對社會運動的貢獻和人文關懷。

現在陳豐偉在智邦生活館當起電子報總監，鼓勵有心又有文筆的人在網路上「創業」，以他自己的經驗和大家分享他對電子報的經營心得。

電子報是很特別的臺灣現象

「由於國內上網費用太貴，速度又慢，電子報才會這麼蓬勃。」陳豐偉分析，「相較之下，美國對網路的供應費用低廉，雖有電子報，但只是提醒作用，提供連結讓你去逛它們所屬的網站。臺灣的電子報是有內文的，且有各式各樣的種類、主題，是非常特殊的現象。」

國內電子報經營有成績的，除了非商業色彩的南方，另外就是商業取向的Pchome集團。相對於南方的「小衆、人文」取向，及低成本。高忠誠度的特色；Pchome則是挾著雄厚的集團財力及原有的編採人力，加上平面媒體的多年經驗，成功的為消費者提供多元化的電子報服務，市場上頗獲好評，號稱有破百萬的訂閱量。

這兩個表示成功的案例之後，許多人也想搶進這個市場。但在陳豐偉看來，他搖搖頭「照這樣為了搶訂閱量，毫無把關地發行一堆電子報的做法，不是長久之計。因為讀者會無從選擇，然後開始失去興趣，而且廣告量哪有這麼多？目前的廣告利潤其實又不多，這樣可能會撐不了，到最後一定會崩盤。」

「有人以為既然我有通路，何不來經營電子報？但其實真正能吸引人的電子報，除了通路還要兼顧內容，內容才是贏得讀者忠誠度的根本，現在很多人都只是一時興起，訂閱了這些電子報，即使內容不是那麼需要，也懶得去取消訂閱，頂多看看標題，就刪掉了，除非是有感興趣的內容。廣告商也很聰明，也知道要挑選真正有人看的電子報，才考慮放廣告，所以若報著投機，衝訂閱量的做法，是很短視的經營方式，我一定會避免這種情況。」

陳豐偉與智邦

智邦科技很早就長期贊助南方，它的企業文化在園區也一向獨樹一格。智邦身為國內最早推廣免費電子信箱的老大哥，擁有最多的會員數，但雖早有電子報，卻沒有經營網路媒體的人才，所以只是聊備一格，成效不彰。陳豐

偉告訴智邦，以智邦的優勢，這樣的狀況非常可惜，太浪費這些資源了。於是智邦便請來陳豐偉當電子報總監。

有個性的陳豐偉加上有個性的智邦會是什麼樣的智邦電子報呢？

當初智邦找陳豐偉洽談，陳豐偉發覺智邦科技執行長黃安捷和他理念契合，便同意接下這個職務。黃安捷認為大家想到網路都是集中在電子商務，但這只是其中網路的一部份。網路影響層面包括教育、文化等各層面的衝擊。網路已經成為一種混合性的互動媒介，至於充實內容的工作，是智邦生活館要努力的。他和陳豐偉相談甚歡，理念一致，陳豐偉便「帶兵投靠」智邦。

陳豐偉也指出，「智邦心胸很開闊，他們能了解，這些廣告收入對智邦來說，是九牛一毛；但對每個作者，卻是蠻好的收入，可以讓他們更有條件支撐下去。所以智邦對作者開出條件：除了廣告分紅外，保障五萬名基本讀者，以及每個月足供一人溫飽的保障收入。這對認真的文字工作者來說，無異是創業的另一途徑。」

審核方向

陳豐偉加入智邦後，他首先規劃的是讓Freelancer經營的「個人電子報」。他認為自由作家的專業與品質，會比內聘編輯好，並且有彈性得多。

陳豐偉怎麼評估這些提案呢？除了基本的文字編輯能力，最好要兼顧可看性與使命感。「最近智邦電子報很熱門的是一份關於歷史的「歷史智囊」電子報，之前也不知道會這麼受歡迎，所以題材冷僻沒關係，重要的是怎麼呈現的問題。」

由於現在是在剛開始的階段，所以目前陳豐偉在審核提案時，會考慮到大眾能接受的為優先：最好能老少咸宜、與生活有關、能兼顧親和力與專業性。至於不易表現的，也不有趣的話題就只好等以後時機成熟再說。「有的背後有傳銷的目的，像這種就會婉拒」陳豐偉對有些完全以營利為出發的提案，非常頭痛。

依陳豐偉分析，傳統平面媒體若好好下功夫，以他們現有的人力規模來做電子報，一定能有不錯的成績。但他們都還是用原來的經營邏輯來看電子報，找來傳統媒體的明星，在網路上發表文章，以為這樣就可以了。卻忽略網路上，讀者與作者互動的需求，「作者仍然高高在上，沒有真正親近讀者，只依賴傳統媒體造勢，這些傳統媒體明星作家，可能不知道有些網路作家有多少死忠的讀者，數量遠超過他們，像「痞子蔡」蔡智恆之前在網路上造成的旋風，就是一個很好的例子。

網路對文字工作者來說是一種解放

「只要這些電子報能堅持下去，我很有信心用電子報的力量來挑戰傳統媒體！」他很有自信。「過去在傳統媒體的掌控下，有一些人可說是懷才不遇的。你若想冒出頭非常辛苦。文字工作者要「懂得」經營人際關係，甚至還有性剝削的情況，有些人會對女作家提出不合理的要求。文字工作者的作品，就是產品；媒體是通路，在沒有能力掌握通路的情況下，好作品無法披露，能怎麼辦？」

「若沒有得過文學獎，要想完全自由創作很難。現在的媒體環境都是企劃導向，弄個什麼名義就要大家來寫，即使你成名了還是要配合，隨媒體起舞，這是非常荒謬的狀況。」

「但是在網路就不同了，一下子的功夫就可以將你的作品送到讀者面前。如果今天大家對網路商機看好的最大理由：是跨過中間商，可以讓產品直接面對消費者的話，那麼對文字工作者也是，電子報是其中一種形式罷了。」

「網路讓讀者和作者能有機會互動，一定是有共鳴的人才聚在一塊，作者用心經營的話，能加強讀者的認同，形成良性循環，會是很有向心力的環境，南方就是很好的例子。」

電子報新品牌

對智邦電子報的經營理念：「我要打出電子報的品牌，讓大家真的喜歡，認同我們的電子報，萬一有時出刊慢了，讀者會跑來問怎麼回事，每次都會期待看到下一份，這樣就是成功了。」

「今天來智邦開電子報的人形形色色，從20-40歲的都有，有些是在傳統媒體跑某個領域很久了，有不錯的人脈、資源，一個人就夠了。雖然我認為電子報很適合一個人來做，但我建議年輕人，又沒有媒體經驗的，最好是幾個人一起來。」

「經營電子報一定要有熱情，到一種無怨無悔的地步，不然長期出刊的壓力，也是蠻可怕的。但你可以自由發揮，能招來真正有興趣的讀者，就像經營一個社團，讀者有問題可以直接送信給作者，不會不知道寄給誰，真正應用網路的特性做互動。」

以南方來講，當初想出南方女性電子報時，登高一呼，就有很多讀者願意幫忙。「可以想見，只要我繼續用心耕耘「南方」，這些忠實的讀者兼作者群，會願意跟著我，不管我到哪，他們都會跟著走，這就是成功的品牌！我希望智邦也能是一個好的電子報品牌。」陳豐偉對智邦生活報系的期許仍有濃厚理想氣息。

文字工作的經紀人

「我曾讀過龍應台的書，她提到她在德國寫稿子的費用，將近是臺灣的十

倍！比較起來，臺灣的文字工作者是被剝削的，不受尊重的，甚至就整個大環境來說，文化是不受重視的，像副刊就很容易被忽略。這對文字工作者是多大的傷害？他們的舞台越來越少，相對來說，讀者也不能看看別的好東西。」

「我的規劃是：智邦從一開始就仔細篩選，因為這麼多電子報要經營，總是有的跑得快，有的跑得慢，將我過去的經驗拿來輔導他們，慢慢來，不會讓他們自生自滅，不然會壞了品牌形象。」

「這些作家將來若成氣候，或電子報已有一定的數量，我們可以替他們談出書版權、轉載的授權，以及其他行銷活動的可能。嚴格控制品質的話，才能吸引讀者群，將來才有機會出書，辦活動，開發更多利潤！文字工作者的價值才能放大。個人力量很小，但一群水準很齊的作者和背後的讀者群就很有力量，所以我每次要談合作案，都一定要求見老闆，因為我背後有這麼多優秀的作家，我要求應該有的尊重。」

他憂心地指出：「若不用心培養高水準的作家，將來只要國外的出版品中文化，國內的刊物就會全倒。像ZDNet、Cnet，都是很好的刊物，對國內的類似刊物帶來不少衝擊，這就是沒有重視經營作者的結果。」

解放生產關係

「從歷史來看，希望為自己工作是一種人性的需求，大家都想作自己，而不是被工作壓迫。馬克斯或其他的社會學者都提過這個觀念，網路提供了這種可能性，文字工作者，尤其是台灣的文字工作者，要有自覺，爭取應有的權益與尊重。在不斷辯論的和平過程中，完成另一場文壇的革命。」

「過去，農奴生產力最差，也不能為自己工作。但將來，每人知識水準提高，透過網路，文字工作者可以為自己工作，這是多理想的情況！」

陳豐偉始終抱著一樣的理想，期待前來智邦電子報問津的作者也有同樣的堅持，一起加入革命，挑戰主流媒體的獨大與譁衆取寵的手法。「作自己的媒體，唱自己的歌。」

現任龍捲風科技總經理
趙國仁 1970年生
A型 金牛座
中山大學資管系
中山大學資管所
台灣大學商研所博士班
從小就對機器著迷的趙國仁，在大學時引入BBS中文化並予以開放，是台灣第一個中文BBS站——中山大學福爾摩沙站站長。凡事全力以赴的他，這麼年輕就創業當起總經理，完全是因為三個字，「責任感」使然。

好奇寶寶

好奇寶寶趙國仁從小就愛拆東西研究，大人都不敢讓他碰新買的機器，深恐好好的東西又被他大解八塊。不過這都沒有降低趙國仁探索機器的熱愛，高中時，趙國仁硬是用一台繪圖用的程式型計算機寫了一段音樂程式，還把計算機拆開接上喇叭播出來，讓大家嘖嘖稱奇。

與電腦結緣

趙國仁念南二中時，一接觸電腦就迷上這個玩意，從Basic、dbase、AutoCAD1.4開始，還是學校電腦社創設元老，號召不少同好互相切磋交流。高中時的趙國仁還擔任青年社的社長，主編校刊，那時的他，是左手寫詩，右手寫程式，更是游泳好手。當時青年社是出了名的當鋪，趙國仁不因編校刊耽誤功課，還順利升高三，成了少數幾個沒被當掉的社長，頗另人佩服。

雖然父母反對，認為「玩電腦」會影響他的功課，電腦是聯考不考的東西，不准浪費時間。但趙國仁喜愛電腦的熱情，並不因此減退，除了保持功課的領先，另外偷偷跟同學借書，躲在棉被苦讀電腦書。當時的他，只是單純的把電腦當成興趣，並不知道電腦會影響他日後的人生軌跡。「迷上電腦後，邏輯觀念變很強，人文的東西倒弱很多。有得必有失吧！」

高中畢業，考上中山機械系，被壓抑的嗜好終於能如願以償地全心投入。尤其他大膽地在大一時就和資管系大三的學長姐修組合語言，還得到不錯的成績，對電腦的信心和興趣更是有增無減。升大三時乾脆降轉資管系，把機械系當輔系，從此全心全意投入電腦。那時的他，真可以說為了電腦「廢寢忘食」，一整個晚上寫程式、抓蟲，樂此不疲。他把當補習班老師、參與專案及工讀的錢，幾乎全花在電腦書上，畢業時還留了三個書櫃的電腦書在中山的電算中心給學弟妹。

一個晚上就搞定

由於中山大學對網路很重視，降轉資管的趙國仁當時自告奮勇擔任資管系網路管理員。後來電算中心網路組成立，老師又找他當網路組管理員，從TANet的前身BitNet 開始摸索。由於網路當時在國內國外都還是很新的技術，那時沒有多少人能指點網路的技術問題，但是不畏艱難的趙國仁，卻常常一個晚上就獨自摸索出門道，「我覺得那時候效率蠻好的，一個晚上就能做很多事。」雖然能一起研究討論的人不多，他卻甘之如飴地過了兩年睡在網路機房的日子。

大三時除了開發中文化的NSYSUTelnet，趙國仁最廣為人知的成果就是中文化的 Internet BBS。

1990年，台灣學術網路（TANet）成立。那時他曾和老師聊過網路的功用有哪些，最基本的就是使用者間能有互動、交流。1991年他和一家電腦公司曾合作開發彩色中文化的主從式電子布告欄系統，但因為是商業用途，價錢非一般人負擔得起。1992年，中山大學找到Ed Luke發展的PBBS，可以多人聊天並傳輸檔案，而且開放原始檔案讓各站依需要修改。

於是趙國仁花了一晚，將它中文化，放到網路上，讓想用的單位可以自己去架設，自己也成為台灣第一個站長。當時，趙國仁拿去資訊展參展，吸引了上萬人註冊，電腦還因此當機。1993年更將中文化的原始檔置於ftp server中，供大家取用。短短兩年間，BBS風由南往北吹，各大專院校成立了數百個BBS站，吸引幾十萬名使用者。

那時還沒有親切的WWW和Window，全台灣的學子流行靠BBS聯絡，成為大學生文化的一部分。幾乎新鮮人一進學校，除了參觀校園，認識環境，到電算中心上網也是必備基本功之一。即使多采多姿的WWW出現，網友對WWW的忠誠度卻不敵樸素的BBS，半夜都能維持一、兩千人的高人氣度。「自己開發的程式、技術能被很多人使用，是最大的成就感。」趙國仁想到這點就很開心。

台灣的BBS文化能如此盛行，拜很早就有這麼方便的介面可以使用有關。由於很早就具備中文化、雙方對談、聊天室、Mail 的功能，讓很多人能輕易上手，在國外流行的Newsgroup反而在台灣就不如此風行。

兩年來每天窩在網路機房閉關修練的趙國仁，因此練就一身好功夫。更重要的是，他意識到網路的發展性。「透過網路的即時溝通、討論，可以發揮一加一大於二的效果。比如說，一個人拼圖要很久的時間，若三個人一起拼，可能不必四分之一的時間！因為每個人的專長不同，透過網路，才能有這樣的效率。」上研究所後，因此而寫了一個群體軟體（Group ware）讓一群人透過網路合作拼圖。

打破刻板印象

趙國仁為了破除大家認定電腦玩家除了電腦什麼都不會的印象，做了不少嘗試。

大三時，儘管身兼網路管理員的工作，趙國仁還抽空參加公費甄試，到加拿大學了兩個月的英文及人力資源管理。這個經驗除了練好英文，也讓他較有國際觀，而且他很感性的表示「雖然加拿大是全球公認最適合居住的地方，但終究不是自己的土地！」因此他後來選擇留在國內求學、工作。

此外，趙國仁給自己的另一項挑戰是，跳舞。雖然一開始不懂竅門，跳得怪模怪樣，他還是逼自己努力練習，終於漸漸能跟上節拍，並且還因此獲得

「舞棍」的封號呢！

網路的重點就是群體

由於出國一趟的延誤，讓他趕不上補習的進度，索性自己準備考研究所，後來也都順利考上好幾家研究所。這年暑假，NeXT電腦進軍台灣，那是當時最棒的桌上型電腦，趙國仁因此為它寫了中文輸入法，但之後由於NeXT因無法普及而式微，讓趙國仁領悟到再好的產品或平台，也只有在最多人使用的條件下，才能生存、才有價值。

就讀中山資研所時，他專門研究「群體軟體」，他曾寫了個「群體拼圖」的程式，讓玩遊戲者自行切割圖片後，再以群體合作的方式一起拼回原狀。碩士論文「事件加值式群體軟體開發方法」，則是提出在不需修改原始程式碼的情況下，將Window的程式轉換成群體軟體的方法。由於他研究所一年級就把論文準備好了，研二就玩剛出爐的Delphi1.0，三天就寫了網路即時語音對談的程式，這可比iPhone的出現還早，當時一位台大老師看了他的作品，就鼓勵他報考台大商研所。

因此在念完資管研究所後，便轉向跑去考台大商研所博士班。「不希望自己只有技術背景，念商可以擴大視野，多學一些東西。」他回憶。由此可看出趙國仁多方面發展，努力求突破的個性。

校園BBS的守護神

網路和電腦幾乎佔據了趙國仁的學生生活，那時的他每天充實而愉快。他回憶到「我做事一向就很專心，常常一股腦就栽進去，直到弄懂為止。那時，有些同學到大三大四還很迷惑，不知道自己將來要做什麼，很好奇我怎麼好像很有方向的樣子。」其實，應該是因為網路的可能性太多，根本探索不完，所以，趙國仁沒想過要離開網路。

1994年，中山大學召開第一屆版主大會，針對連線問題、匿名問題、佈告管理、智慧財產權討論，還決議每年印製版主聘書及感謝狀給辛苦的版主。趙國仁當時就提出一些想法，「Internet的基本精神是開放及分權管理，不管佈告管理或連線問題都無法由單一網站決定該如何做，TANet一直維持這樣的風格，也因為這樣的精神才能有蓬勃的學術網路！」

博士班一年級的時候，他在台北火車站舉辦並主持全國第一次的BBS站長大會（也是最後一次），探討網路與法律的相關問題。當時有人提議要將站長串連組織起來，趙國仁不同意，以他在BBS的經驗，認為站長都是單純的學生，若形成組織，便容易被動員、利用。以他對校園網路的奉獻與愛護的心，說他是校園BBS的守護神也不為過。

龍捲風的醞釀

念博士班時，他認為網路市場亟需要搜尋引擎，便開始開發這項產品，加上他在網路的專長，得以和昶揚資訊合作。由趙國仁帶技術團隊，昶揚作行銷。這個時期的趙國仁，工作之外，很有計畫、認真地讀著高科技、網路業相關管理的中英文書，尤其喜歡研究關於創新致勝的的策略。當時他帶研發團隊做出台灣第一套全套裝化的全文檢索系統，產品做得很好，但是公司（昶揚資訊）卻發生財務危機。

趙國仁分析「昶揚由於要兼顧三條線的生意：系統整合、代理、自行研發三條路線。結果因為一下擴張得太快，財務就出了狀況。」去年底（1998年），昶揚結束營運，責任感很重的趙國仁，不忍心自己帶的優秀隊伍和默契，就這樣散了，便積極地找人投資。這段時間，趙國仁和幾位主管到處借錢來付同仁薪水，一邊積極找人洽商。

當時有不少人看好這個隊伍，但趙國仁評估過後，選擇宏碁集團和建邦顧問股份有限公司。「施振榮先生和黃少華先生很鼓勵年輕人，胡定華先生在投資方面的經驗也很夠，他在高科技業的創業管理上是業界公認第一把交椅。投資不是只評估錢多少的問題，而是要考慮到相關資源，兩位前輩在業界很有經驗，能給予很多專業的協助和建議。像建邦的李執鐸雖然是前輩，還是願意帶著我們介紹合作伙伴，領著我們一個一個解決問題。對沒經驗的我們來講，幫助很多也覺得受寵若驚。」

龍捲風科技

就這樣，1999年一月，龍捲風正式成立。趙國仁從一個單純的研發團隊經理，成了一個公司的總經理，龍捲風科技以一億資金起家。今年六月正式亮相時，更因為施振榮先生的熱情支持，引來許多注意。

由於祖揚的慘痛經驗，趙國仁這次創業非常戰戰兢兢。公司成立到正式開幕六個月中間，他花了很多時間去架構整個公司的組織，及管理制度，而不是像一般人創業時的且戰且走。尤其，為了因應角色的轉變，他整個人也做了許多改變。

「當你站到這個位置，你自然而然想法就不一樣。雖然我念商研所，但商研所可沒有教你怎麼做總經理！」現在的他，已經沒有上下班的分別，整天只想著公司的事，只要是跟經營管理有關的領域，即使是不擅長的行銷、公關領域，他也都會努力去瞭解研究，跟同仁討論。「有時回家還要準備學校課業，常常看書看到連電燈都忘記關就睡著了。」

「現在的我覺得自己很沒效率，不像以前，自己一個人窩在機房裡，一個晚上就可以想很多東西。現在一件事要想很久，因為考慮的層面變多了。像現在，我想開發一個新產品線，我就要想，我手上有多少資源，要怎麼調

度，什麼時候該有什麼動作，一個細節沒想好，對員工影響很大的。」

由於昶揚在經營上沒有抓好Focus，導致資源分散，財務週轉不靈。龍捲風一開始就很清楚自己的優勢是網路的專業知識與技術，因此公司的定位是「The Best Internet Builder」，以網際網路最佳夥伴的角色出發，協助企業、個人，與網站經營者架構起知識充分共享、人際良性互動的網路虛擬世界。

預見主題導向式網站

龍捲風最廣為人知的就是中英文全文檢索系統，強調「資訊整合」的概念，自第一套推出至今，已累積了合作客戶300家以上，佔有台灣目前網站搜尋引擎80%以上的市場。由於此系列產品開發出時即同時具備英文、中文簡繁體，與日文等版本，因此目前也正積極地向亞太區其他市場拓展。其中，Portal版的龍捲風分類全文檢索引擎，則是目前唯一可同時結合分類與全文檢索技術的引擎，除了可以搜尋任何網頁中的內容外，更透過分類的機制，協助使用者更精確地命中所需要的目標資料；提供有大量網際搜尋需求的單位（如：Portal、ICP、ISP、企業入口網站等）最人性化的超級搜尋方案。

虛擬社群的部分，由於看準網路虛擬社群絕對是趨勢，因此龍捲風提供Web-based、全球第一套多媒體虛擬社群平台「VCP」-Virtual Community

Platform以人性化與多媒體社群技術，協助網站經營者架構具備永續行銷效益、可作為電子商務最佳基礎的虛擬社群，同時提供使用者個人化的社群服務與網際互動的人性化設計機制。

其中有幾項獨步全球的技術：「亞太語系多媒體聊天室」具備簡繁體即時翻譯與多媒體效果的、「智慧型代理人技術」則結合了傳統NewsGroup與全文檢索的BBS討論區，可依使用者自訂訊息需求，此外還有具備線上即時呼叫、主動通知訊息的「智慧型助理」。所有平台上的技術皆是web-based，使用者無須事先下載任何程式，即能享受平台上所有的社群服務。

「網站經營者專注於專業內容及社群經營的心力，龍捲風則提供社群經營的機制與技術。」趙國仁自己評估使用者一旦破百萬，產品就能勢如破竹。「這個目標並不難，找到好的策略伙伴，一起共同經營，我們很有信心，能開創主題導向式網站的新主流。」以趙國仁在網路的經歷加上團隊的技術能力，龍捲風的實力果然不容小覷！

綜觀龍捲風兩項產品的主要理念，在於「主題導向式網站」(Vertical Portal)的觀念。現在是個資訊爆炸的時代，當網路上累積的資訊越來越多，網路使用者將更需要主題導向式的搜尋引擎和虛擬社群來更有效地獲取資料，並與其他的網路使用者進行溝通、建立關係。不論是任何專業領域的團

隊，有了龍捲風所提供的平台與技術，就可以快速地架構起專屬的主題式網站；對想快速尋找某一專業資料的使用者而言，將不必經過入門網站，而會直奔目的地，這是一種趨勢，趙國仁便指出「這會對目前一般性的入口網站帶來強大的衝擊。」

坦誠溝通的管理風格

龍捲風是技術起家的公司，大家平常討論時，都直來直往，但絕對沒有惡意。趙國仁說「像我有時候講著講著，就說話大聲起來，人家會覺得我疾言令色，可能就有點害怕，但我可能自己都不曉得。」

不過，龍捲風的員工也都頗能適應這樣的氣氛。「在我們公司這種感覺很明顯，越高階的越容易被罵，我自己也會被罵啊！」他笑著說。

但趙國仁慢慢意識到不同成員來自不同成長背景，不同專業訓練，因此對事情有不同的解讀方式。「每個人有不同的看法，我不一定是對的啊！我弄錯的時候，他們也會指出來，我也很高興啊！」被指出錯誤時，「我就會臉紅，承認我錯了，然後就要改。」

趙國仁一開始也很不能習慣要面對媒體，談自己的事，面對鎂光燈更是不自在。盡責的公關跟他談面對媒體的重要時，就花很多時間來溝通。「在灌輸觀念之前，光是溝通模式就花很多時間去磨。他真的改變很多很多。」聽公關主任這樣說自己，趙國仁笑得有點靦腆。

合理化

趙國仁很注重「合理化」，或許是寫程式寫久的關係，他很強調公司制度或流程的邏輯合不合理。自己平常生活上雖是很粗枝大葉的人，但「公司的帳務我有時間都會看看，若是不合理，就算是三、五千塊，我也要求有合理的說明。當然，只要需要，幾百萬的設備也說買就買！」

龍捲風第一年公司旅遊就不惜血本，帶大家到香港旅遊「因為同仁真的都很辛苦，因此特別籌畫了這次旅遊活動，希望能讓大家在面臨接下來更多的挑戰之前，能喘口氣，同時調整一下心情與腳步。」在當地，總經理還露了一身舞技，著時開了大家眼界。

「我們鼓勵創新，很鼓勵大家有自己的想法，並勇於表達。員工間因此會彼此互相激勵，都會要求自己想清楚再提。」在龍捲風，除了總經理的嚴格要求外，大家對自己都有很高的自我要求，因此，加班是家常便飯。

鬆土的蚯蚓

趙國仁覺得自己是負責鬆土的蚯蚓，把整個環境弄得適合員工發揮。

「總經理就是什麼都要做，公司哪裡有問題就要去改善，哪裡不足就要去補強。不是自己想做什麼就做什麼，哪有得挑工作？」

龍捲風對所有的創始員工都有配股，將來新進員工也是，不分技術職、行政職，「今年年底增資，我也會盡量多爭取大家認股的百分比。」

趙國仁在言談中流露出對公司流程各部分深入思考：「例如關於鼓勵創新，我們曾經討論過若是員工主動對外發表一些文章，是不是要給予獎勵？稿費多少，公司相對提撥多少獎金給員工等等問題。但是，反過來想，大家會不會因此而後來忘了工作與責任的本質是什麼？」

到處都有網路的未來世界

「我每天上網就看新聞，找資料。以前還有空看些有的沒的，到處逛逛，也常上BBS，現在太忙了，光蒐集資料就來不及。」平常趙國仁會把蒐集到的最新資訊以E-mail的方式與同仁分享。

趙國仁的壓力還不止於兼顧兩種身份，更來自網路上變化真的很快，連公司的編制都要跟著變動，當初的位置都不夠用，年底還要再辦一次增資，就是因為要快速打進市場，搶到佔有率，不然將來一定很辛苦。想到這裡，趙國仁就輕鬆不起來。

針對未來想創業的年輕人，他提醒「一定要想清楚自己的條件、資源夠不夠。再者網路這個市場一定會越來越大，但對專業也越來越要求，若想冒出頭一定要有跟別人不同的專長，懂得和人合作，且能跟市場、客戶的需求符合才可行。

工作壓力這麼大該如何抒解？「一定要看的書報啊？TOP囉！」提起Top，趙國仁便眉飛色舞！因為這是他目前最大的休閒，「我從小就愛看漫畫，除了Top還有少年快報啊，小說，黃易的科幻武俠小說，我很喜歡。」他強調，「可以增加想像力！」當初若不是和電腦沾上邊，趙國仁有可能做什麼？「我會考慮當作家！」想不到吧，趙國仁可是理性與感性兼顧呢！

網路會發展成什麼樣呢？「將來的網路會無所不在，眼鏡上、牆上，都會是網路！」趙國仁認為網路將快速地取代傳統媒體，成為每一個人最主要的資訊來源；此外，由網際網路所駕構起來的虛擬世界與社群，將成為足以與實體世界相抗衡的龐大力量。而趙國仁帶領的龍捲風科技將讓我們在無際的網路中，更快命中目標，享受網路的便利！

TimeNet
吉立通電訊網路 副總
蔡祈岩 1969年生
A型 水瓶座
交大資訊工程系
成功大學
資訊工程研究所

如果說成功是一分的天才加九十九分的努力，那九十九分的天才加九十九分的努力呢？以專業經理人身份進入TimeNet吉立通，半年的時間貢獻500%的業績成長，現在已經是網路界炙手可熱的全方位人才，他說：「如果你想在三十歲做到別人四十歲做到的事，就必須比別人努力三倍！」

玩電腦長大的呦

從國小五年級，電腦搬回家裡的那一天起，蔡祈岩就每天「黏」在電腦前面，電腦壞掉時，自己先拆開外殼檢查每一個接頭，不行的話就搬著電腦找老闆修，假日時常一個人殺到中華商場、光華商場和店家討價還價、或是討論最新的bios修改技術。到了國中，寫程式的能力已經不輸一般的程式設計師，還可以寫簡單的遊戲軟體自娛娛人。

大學聯考後選擇了交大資訊工程系，蔡祈岩笑著說：「最大的好處，是從此玩電腦變成我的正業，可以名正言順地坐在電腦前面！」蔡祈岩就這樣一路和電腦相處了二十年。

選擇自己的路

進入交大資工系後，蔡祈岩憑著自己多年的功力，大一上學期就開始在補習班當電腦講師，賺取自己的學費與生活費。唸完大一，他覺得當家教和講師雖能賺錢，但對自己的未來幫助不大，剛好得知智冠科技舉辦第一屆金磁片娛樂軟體競賽，於是就和朋友花一整個暑假，兩人沒天沒夜的趕出了一個遊戲軟體：「決戰俄羅斯」。

寫這個程式讓蔡祈岩收穫頗多，「寫一個要大量發行的軟體，和以往寫來自己用或交作業，最大的不同是不能有任何瑕疵，軟體發行後要面對各式各樣的使用者、各種不友善的操作方式，一旦有錯是無法收回來更改的！」，因此鍛鍊了他對程式及系統的精確掌握。後來發行的智冠告訴他，這套軟體沒有收到任何bug report，也沒有使用者抱怨，非常難得。

其次，那時蔡祈岩連角色設定、佈景、音效、動畫等不屬於他專業的雜務，在沒有任何企畫、美工、音效人員協助下，全部一手包辦，他很自豪在這麼有限的資源和人力下，還能完成這個工作。這套軟體後來不但贏得五萬元的獎金，發行後在國內外賣了近五萬套，讓蔡祈岩往後學費、生活費有著落。

接下來的大學生涯，蔡祈岩專心發展自己的專業能力，除了屢次在程式設計比賽上獲得很好的名次外，蔡祈岩不算是成績很好的交大學生，但是他對於資料結構、計算機結構、軟體工程、作業系統等重要科目，倒是下了不少功夫，「從小寫程式，都是無師自通，卻知其然、不知其所以然，接受了這些正統的專業教育後，我才真正掌握背後的學理依據。老師父可以靠經驗蓋出堅固的矮房子，但要設計摩天大樓，非得讀通力學和材料學不可，我不敢因為自己已經很會寫程式而不去補充比寫程式更基礎的知識。」

蔡祈岩和internet的不解之緣，開始在就讀大學二年級時，當時交大引進了處於萌芽階段的internet，他從電子郵件和新聞群組開始接觸這個世界的

風潮，隨著gopher、bbs到www的發展，他像是一個看見新玩具的孩子，每天泡在網路的世界裡，當時他深信這不會是一股流行風，而是將深深影響每一個人的大潮流，於是特地選修網路相關課程，「把許多電腦連結起來的benefit實在太大了，沒有人能夠抗拒這股潮流。」

提早踏入社會

另一件對蔡祈岩影響深遠的事情，是他學習做一個sales的過程。

蔡祈岩不諱言，以他當時的工程師背景，心裡面其實存放了不少對於sales的負面成見，例如油頭粉面、鞠躬哈腰、成交前一張臉成交後一張臉等。

大四時，他在外租屋的室友是一個大他六歲，做儲存設備的業務主管，他開始試著去瞭解這位室友的工作情況，這個過程讓他領悟到過去他對sales的偏見是多麼荒謬：「sales不只是一種職銜或職位，更是人生的哲學與生命觀點，每一個人都應該要修行這門功課。」這個念頭開始在蔡祈岩的身上發酵。

進入成大資訊研究所後，蔡祈岩開始實現自己學作sales的計畫，之所以選擇在研究所時代開始，蔡祈岩有他的理由：「當時我的想法是一旦畢業後，我的就業選擇一定會受到家人期望、同儕比較等壓力，不可能想做什麼就做什麼，我想從頭學作sales就要趁現在，只有這兩年，沒有人對我工作的內容有意見。」

打定主意後，研一時，先在一家廣告公司擔任電腦部門的主管，並兼任老闆的特助，由於蔡祈岩反應靈敏、觀察力強，任何生意都能很快為老闆分析出利害，所以老闆喜歡帶著他去談生意，在這一年中，蔡祈岩除了深入廣告、印刷業務外，也先後參與二哥大、傳銷、保險、汽車馬力加速器、KTV電腦化等生意。在這段時間，蔡祈岩挖掘到自己觸類旁通的天分，即使是一個陌生的行業，他也可以立即抓住精髓所在，讓每個領域的合作伙伴都以為蔡祈岩是箇中老手。

研究所第二年時，那個大四認識的業務主管奉命到中南部開發市場，於是蔡祈岩就和他一起合作，執行IBM硬碟的中南部代理生意，他開始以經銷通路商的身份，逐一拜訪台中以南的每一個系統整合公司、經銷商、電腦門市，除了在電話中開發生意、接訂單、售後服務，幾乎天天要開著車，載著大小硬碟、磁碟陣列，跑遍南台灣大小鄉鎮，和每一個可能販賣IBM硬碟的老闆打交道，同時也配合經銷商處理政府標案。這兩個全職的工作，讓蔡祈岩這個純技術人員，打開了其他的視野，轉變成為懂技術、懂生意、懂業務的全方位人才。「雖然薪水不多，也很辛苦，但我覺得很值得，這是人生難

得的機會。」蔡祈岩肯定地說。

魚與熊掌兼顧

他是如何兼顧研究所的功課呢？由於已經在公司上班，每天忙得不得了，蔡祈岩成了實驗室的「稀客」，但是老師交代的進度，一定按時完成，他犧牲了所有的玩樂和假日，投入在研究計畫中，很有效率地利用每一分鐘，工作時專心工作、研究時專心研究，由於電腦的底子深厚，蔡祈岩成為實驗室中最順利拿到碩士學位的研究生。

在指導教授的鼓勵下，他將研究所畢業論文結合internet的應用，提出了一套「PhonEMail電話電子郵件服務系統」的產品開發計畫，經過資策會軟五工作室及工業局的審核通過，補助了將近三百萬的開發經費，由蔡祈岩擔任計畫主持人，首次參與創業，校長兼撞鐘，從研發到業務都一手包辦。這套系統結合了文字轉語音(TTS)、通信整合（CTI）及internet的各種技術，可以讓用戶打電話進來，以語音的形式聽取信箱中的email文字信件，這套系統在台灣發表後一個月，美國的同質性產品才研發成功。雖然因為當時成本居高不下而放棄這個事業，但也因為推廣這套產品的過程，他有機會接觸台灣的ISP業者，而被吉立通禮聘為網路事業處的副總。

「做internet就要像一個internet公司」

接手吉立通後，整個公司的部門組織做了必要的調整，同時擬定了一套出口頻寬的改造計畫，讓TimeNet的出口頻寬大幅增加五倍，卻減少了1/2的費用，「internet的頻寬是一件很微妙的事情，如果你對整個internet的生態夠瞭解，就能夠以更少的預算買到更多的頻寬」，自此，「TimeNet完成了戰備，戰鬥的隊伍成形，而進入戰鬥位置。」他回憶道：「internet的第一個特色就是速度快，"所有有關系統的工作都放在系統部門"聽起來很對，但是如果用在internet公司卻不一定好，例如虛擬主機的設定，在一年以前應該放在系統部，但現在應該放在客服部，這樣才能應付客戶對服務速度的要求。」

另外，蔡祈岩利用視訊會議以及email，「遙控」遠在新竹唸博士班的學弟為公司撰寫一套網站資料庫系統，讓每個員工可以在家或在公司隨時上網使用客戶通訊錄、討論區、佈告欄，並且讓這套系統和公司的首頁連線，一有客戶在網站上留下資料，業務人員能夠在第一時間掌握商機。「曾經有網路訪客在晚上十一點留下資料想要瞭解某項服務，結果他在不到五分鐘的時間裡收到我的業務人員從家裡打去的電話，結果隔天就簽約，因為客戶的感覺實在太好了！」而這套系統只花了兩個禮拜就完成，這不可思議的效率，主要是歸功於蔡祈岩從小累積的程式設計功力，使他能夠把需求非常清楚而

邏輯性地傳遞給程式設計師，把需求者與系統人員的代溝減到零。

掌握趨勢 全力衝刺

當時TimeNet的撥接服務用戶大約是一萬名，蔡祈岩檢討原因：「其實不是只有吉立通賣不好，除了hinet以外的ISP都是同樣的狀況，從網路流量狀況可以知道，hinet獨佔了台灣撥接70%以上的市場！主要的原因是行銷通路的問題，hinet有中華電信遍佈大小鄉鎮的營業據點，其他ISP一個帳號一個帳號地賣實在追不上。」

當燦坤提出買電腦搭售撥接帳號時，蔡祈岩馬上抓住機會。「電腦廠商在台灣每年售出一百萬部電腦，其中有一半是賣給個人用戶，而現在買電腦的人，70%以上主要的目的是上網，也就是每年至少有三十五萬部新電腦需要撥接帳號，如果把撥接帳號當作是電腦的元件，就像光碟機一樣，直接整批出貨組裝廠商，就可以解決行銷通路的問題！」蔡祈岩用這樣的理念說服董事長及公司同仁，開始與電腦原廠、大型流通業者洽談，就這樣一場場硬仗打下來，現在TimeNet的撥接用戶已經成長到十萬人，而手上的訂單還有另外的十萬個！

超級工作狂

八點起床梳洗，八點半與秘書在電話中討論今天的行程後，蔡祈岩就開始了一天的工作，「最多的工作就是開會，可是我不喜歡很長的會，半小時最好！」與客戶開會、與合作伙伴開會、與內部員工開會，中間擠出的空檔，則用來批示公文、以及回覆來電，就這樣直到日落西山，忙碌的程度，連「蹲馬桶」時，都在用大哥大聯絡事情！

大家都下班後，蔡祈岩進入了另一種工作模式，例行的工作菜單是：利用網路檢視當天的網路流量狀況，檢視全台灣十六個機房、上百部主機、數千個撥接門號的運作情形，處理每天上百封的email，閱讀秘書所整理的剪報及網路消息；而非例行的工作，包括interview新人、撰寫計畫書、準備演講稿、和客戶開「吃飯會議」、研究網路的最新技術等等。直到將近十二點，才拎起包包離開辦公室。

即使是假日，蔡祈岩大多也是到辦公室工作，而他桌上的電腦安裝了遠端遙控軟體，方便他無法進辦公室時，可以利用家裡的電腦透過internet存取辦公室電腦裡的文件。

「我尤其喜歡晚上和假日的工作時刻，因為雜事比較少，可以專心工作，效率較高。不過不可能永遠都是晚上，我在心裡把晚上和假日的工作看做是獎勵，鼓勵自己在白天也努力工作。」

這樣全年無休、夜以繼日地工作，不會累嗎？如何保持自己長期地處在顛

峰的工作狀態？

蔡祈岩認為很簡單：「一、人在做自己喜歡、有興趣的事時，其實是不會累的，二、人對於自己做得好或表現好的事情，會自然產生興趣，三、一個人很有興趣又很努力去做一件事，大部份的情況下，都會做得比別人好。這是一個良性的循環，我只是將這種循環運用在工作上。」

電腦般嚴謹的邏輯思考　漫畫式源源不絕的創意

和蔡祈岩討論事情的人，很快會發現他有幾個特色：分析事物精準犀利，每每一針見血；在會談中可以非常靈敏地抓住重點；觀察力強到連紅綠燈是紅燈在外還是綠燈在外都注意到；像漫畫般令人止不住笑聲的幽默感，夾帶著令人驚嘆不已的創意。令人懷疑到底腦袋裡怎能裝下這麼多東西？

而這一切的成因，竟然是很簡單的兩個東西：電腦和漫畫！

「從小我家裡就是開書店的，看書不用錢，所以我什麼書都看，不過最愛看的，還是漫畫，即使現在這麼忙，我每個禮拜還是至少看5本漫畫，看漫畫其實有很多好處，有些漫畫非常有創意（例如小叮噹），有些漫畫會增進歷史知識（例如天子傳說），有些漫畫蘊含各式各樣的專業知識（例如將太的壽司），最差的也會有點好笑，重點是大部份的漫畫都很好看！二十幾年的漫畫功力讓我學識淵博、創意多多。另外，玩了二十年的電腦，自然中了不少電腦的毒，其中最嚴重的，就是寫程式所養成的邏輯觀念，電腦是非常精確的東西，他不會錯，如果有錯，一定是寫程式的人的錯！寫了幾十萬行的程式，我這個觀念非常堅定。寫程式非常注重邏輯性，抓bugs是程式設計師的夢魘，往往抓了半天，才發現原來只是多了一個逗點，但是多了一個逗點電腦就不接受了，下次你就會養成好的習慣避免這種錯。所以一個好的程式設計師，邏輯推理的能力必定很強，思考會很嚴謹，而且很有耐心，長期被電腦這樣訓練，你可以說我頭殼壞去了，凡事我都要切開分析到基本元素，搞清楚所有元素間的連結與架構，我才能吸收放到腦子裡面儲存，否則只能放在暫存區，一有空就來咀嚼消化，包括一些心理層面的事情，說起來有點病態，不過這是改不了、也不想改的習慣，因為我得到很大的好處：正因為所有的知識和記憶都是經過消化的，所以當我需要用到的時候，可以非常快速、非常有組織地連貫所有的架構與知識，得到我要的新方案，就像把文件一一消化再分類放好比隨便亂放辛苦，可是當你要取用時，滿桌亂放的文件等於是廢物，放得再多，無法及時取用就完全沒有意義了。」

不過看到蔡祈岩辦公室裡滿桌亂放的文件，可以猜想這個人對待自己的腦袋和桌面是採用了不同的標準！

在蔡祈岩的書架上，放著的都是「自私的基因」、「大滅絕」之類唯物論

的書，看不到「少年維特的煩惱」、「托爾斯泰語錄」之流，對此他的解釋是：「不是沒看過，基本上我連農民曆都會拿來看，只是看不出什麼味道，覺得不值得留下來，大概是境界還不到那邊吧！對藝術我簡直是白癡，唯心論的東西我也領悟不到。」

越是投入工作，成敗的壓力也就越大，蔡祈岩肩負這麼大的責任，如何調適自己的心理狀態，以及度過挫折的低潮？他的方法既不是休閒、喝咖啡或運動，而是隨時隨地都可以做，而且不花一毛錢的「抬頭看天空」——

「當我受到挫折或是壓力很大時，我會走到戶外，凝視天空三分鐘，重新想像這個宇宙有多大，而我所處的地球、亞洲、台灣、台北、仁愛路，有多小，我的挫折或壓力，到底有多嚴重？會比地球爆炸嚴重嗎？即使地球爆炸，在宇宙中也微不足道，何況是眼前這些紛擾？於是心情就會清明，告訴自己，沒什麼大不了，做好自己能做的事就對了。」

我們常批評後輩「不知天高地厚！」，這樣看來，蔡祈岩至少是一個「知道天高地厚的小子」。

展望電子商務市場

除了經營標準的ISP生意，蔡祈岩把下一步的目標鎖定在電子商務市場。因為長期經營ISP事業的生意頭腦，加上本身的技術背景，很多有意經營網站的客戶一有新的點子就會找蔡祈岩討論。

「電子商務目前是一個外熱內冷的市場，外頭炒的很熱、實際經營的情況卻冷得嚇人，現在許多很有潛力的網站，普遍缺乏足夠的營業額，不但無法擴展經營規模，甚至把業主的心都澆涼了，心慌意亂之下，往往會做出錯誤的決策。」

「未來的一到二年，電子商務的營業額會有爆炸性的發展，主要是因為internet用戶數量達到經濟規模，其次，internet金融體制已經逐步成熟，我看到很多可行的方案正在蓄勢待發，這是一個絕對可以投資的大市場。」

蔡祈岩針對internet網站或電子商務的經營者，最常發生幾個迷思，提出他的觀點：

迷思一、好的網站所有的網友都會來看

每天在internet上誕生的網站數目多得不勝枚舉，光是以台灣來說，往往會有五個以上的網站在同一天開記者會宣佈成立，沒開記者會的有幾倍？全球有幾倍？

迷思二、做出一個什麼都有的網站，將網友的需求一網打盡

網路媒體是一個極端分眾的媒體，喜歡古董的讀者最後會固定去一個最專業的古董網站，而不會去一個有古董、有流行音樂、有股市資訊，但是古董作得不是最專業的網站，作得廣會在每一個領域都輸給作得專的網站，除非「廣」的本身變成一種「專」，那就是搜尋引擎之類的入口網站。

迷思三、網站的技術只是一種工具，經營者可以不用涉獵

一個不懂印刷設備的老闆，要經營好一家印刷場尚且有困難，何況印刷設備的變動性遠遠不如網站技術，網路生態的變化及網站技術的推陳出新，一日千里，經營者可以不是技術人員出身，可是絕對不能忽視對於技術的關心，同時要積極提昇自己對於技術的瞭解程度，很多經營上的策略與決策，都與技術本身密不可分，如果經營者本身無法學習技術，就要找到一個可以信任的技術人員來輔佐。

迷思四、市面的網站都作得太醜太笨，我們一定可以作得很漂亮

網站和其他的媒體在傳輸媒介、閱讀習慣等方面有很根本的不同，因而也造就了網站的設計有別於任何平面、影像媒體，就像一個建築師覺得其他車廠設計的車子都不好看，一定要把車子設計成房子的樣子，結果就是這部車子跑不動。要設計車子，得先承認你要設計的是車子，而不是房子、櫃子、桌子，不要太快用其他媒體的經驗去套到網站上。

蔡祈岩不諱言地表示，TimeNet未來一年的經營重點即是放在電子商務。

美麗新世界

年紀輕輕就已經在internet業界身經百戰，而且擁有二十年電腦功力的蔡祈岩，對internet世界有他獨特的看法，他認為，internet有幾個特色：一、internet人口有超高的流動性，讀者從一個電子報的網站切換到另一個，只需幾秒鐘，不像以前想看另一份報紙，要出門去買。二、傳輸速度快，造成所有的速度都跟著快。三、internet既是大衆（yahoo一天超過千萬個讀者），又是極端的分衆（即使只有一百個人感興趣也可以做）。四、資料傳遞的成本非常低，造就資料的價值更高。五、贏者全拿，但是會有很多個贏者。六、目前internet不過是一個嬰兒，還有很大的成長空間。

對於「贏者全拿，但是會有很多個贏者」，他有進一步的解釋：「這是指在網站的市場，贏者全拿，因為網站增加一個讀者，不會有什麼成本的增加，所以沒有空間讓同一個領域存在第二名或第三名，如果有，代表贏者還沒有出現。但是，internet讀者的需求實在太多樣，不可能有一個網站可以涵蓋所有的內容，依照internet的演化理論，如果有某個網站試圖涵蓋太多的領域，他必定會在每一個領域被更專心經營的競爭者所擊敗，加上internet的另一個特性，就是訊息的流通實在太容易，沒有人可以壟斷讀者接受訊息的管道，所以yahoo再大，也無法阻擋大衆知道另一個新網站出現的訊息，只要那個新網站在他專心經營的領域是NO.1，就成為另一個贏者！所以，會有很多的贏者。」

除了認真在目前經營的ISP（Internet Services Provider）領域打硬仗，蔡祈岩對於網站的經營非常的有興趣，也因為他的專業知識與經驗十足，客戶們喜歡和他討論自己的網站計畫，所以蔡祈岩身兼好幾個客戶的網站顧問，順便為吉立通尋找適當的網站公司進行投資。如果必要，他自己也會參與投資，他認為：「天底下沒有戲院自己拍出好影片的事情，也沒有ISP自己經營的網站可以成功的例子，即使像AOL或Hinet這樣獨霸一方的ISP，也無法自己經營出好的網站，但是，戲院可以為了追求利潤或爭取首映權，投資新影片的製片工作，ISP對於網站應採取投資或合作的策略，而非自己蠻幹！」

希望有更多年輕人加入internet世界

展望internet的未來，蔡祈岩呼籲所有還在唸書、將要出社會、或者已經出社會但有企圖心的年輕人，趕快準備、最好立即採取行動，加入internet的領域，因為internet是一個最適合年輕人的世界，這個世界才剛剛誕生，還有很大的發展空間。他認為internet是一個「世界」，而不只是單一「產業」，未來所有現存的產業都要進入internet，例如券商要變成「網路券商」、銀行要變成「網路銀行」、報紙要變成「電子報」、店面要變成「網路商店」這是有史以來最大的變革，絕對不是用「internet產業」來看待這波革命，在這樣的大潮流下，人類會從「人」、「文明人」、「科學人」演化成「internet人」！與其到其他產業去追逐這個趨勢，不如在internet裡面掌握趨勢。

你還在猶豫什麼呢？

亞特列士科技
董事長暨副總
張澤銘　1968年生
O型　雙子座
台灣大學　國貿系

廣結善緣，一步一腳印的張澤銘，因緣際會進入網路界，短短的時間就成了超級業務員，後來創辦亞特列士，也在網路界一片慘澹經營中，交出亮眼的成績單，完全印證網路X倍速的魅力。

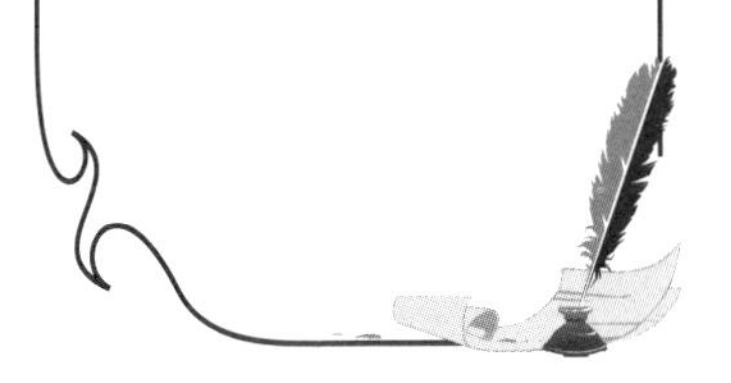

活躍於社團活動

張澤銘原來念的是台大土木系，後來轉到國貿系，平常就喜歡玩電腦的他，除了PASCAL外，什麼語言都學過喔！雖然他進公司沒寫過任何程式，但和工程師溝通上沒有問題。他曾跟朋友說，為了不讓工作的壓力影響對電腦的熱情，絕對不從事跟電腦有關的工作，沒想到後來所有的工作都跟電腦有關！

回憶起大學時代，張澤銘笑著說：「我有選縣長的資格喔！」怎麼說呢？原來張澤銘大二時，就串連成立一個宜蘭校友總會會長，還登記成正式合法社團呢！那時，為了所有宜蘭校友在大學的迎新、送舊聯誼等活動，一年要花上一、兩千萬，張澤銘培養出強大募款能力：「募不到款就要自己貼錢，學生哪有這些錢？只好拼命想辦法。」

也曾擔任國貿系副會長的他很肯定的說：「社團經驗對將來的工作能力很重要，你會學習到待人處事的道理，解決困難的能力！」許多人就對張澤銘的溝通能力和盡責的態度十分讚揚，這也難怪許多前輩都願意信任他，和他合作。

第一次創業

當兵的第二年，日子輕鬆多了，一天和同袍在花蓮一家咖啡店，和老闆聊起來，發覺咖啡店的生意利潤不錯，三人便興沖沖開始籌備。原先想利用宜蘭老家的空地，但成本太高。回台北時，想到住家附近沒有一家咖啡廳，地點又不錯，就把樓下店面租下，開了「帕多瓦」，雖然附近後來也陸續開了幾家咖啡店，但都沒影響帕多瓦的生意。

這家咖啡廳起初引起附近居民的抗議，怕影響清靜，但在張澤銘的努力奔走下，終於說服大家讓他開設這家咖啡廳。有空他也捲起衣袖親自洗杯盤，洗上六、七個小時直到半夜。「我自己後來發現創業家有一個特質，就是不會挑工作。連撿紙屑這種小事都願意做。」這是他對自己下的註解

Netscape超級業務員

退伍後，張澤銘到IBM、建弘等公司應徵，一邊準備出國。一直到學姐李冰影邀他進精業，95年底他才正式上班，從28000元月薪的業務員做起。他負遮責的產品就是Netcape，當時因為是新部門，只有他和主管謝坤澤兩人負責。沒想到主管一星期後就離職，剩下他一個人獨挑大樑。（不過後來透過謝坤澤認識不少創業伙伴！）由於是第一份正式工作，對產品的潛力也有信心，他咬牙自己準備資料、拜訪客戶，全力衝業績。

幾個月後，靠著業績，月薪從兩萬八累積到十五萬，沒多久更增到三十萬。後來因為業績亮麗，部門擴大編制，陸陸續續進來許多成員。「業務員

間彼此容易搶業績、爭功勞，但我卻相信以和為貴，不與人爭，所以我敢說我人緣在公司是最好的一位。」工作才一年就有這樣高的薪水，但張澤銘卻已經在思考未來。猶豫了半年，「這樣的薪水不會年年有，既然不可能適應四、五萬的薪水，是不是要創業呢？」

雖然已打算要離職創業，但張澤銘在離職前一天仍敲下400萬的訂單，因為他認為做一天和尚敲一天鐘，依然認真做到最後一分一秒。他笑著回憶「以前在學校考試就是這樣，考前我絕對不敢睡覺，念到進考場前。作答時如果我已答完題目，還剩30分鐘，我就一定用那30分鐘反覆檢查，絕不提早交卷。」

Atlas開疆闢土

張澤銘的認真，讓整整大他一輪的徐國琛願意和他一起創業。徐國琛是台灣第一個同時擁有亞太網路資源中心（APNIC）和台灣網路資源中心（TWNIC）技術委員身份的網路高手，在資策會任職多年。96年六月Atlas創設時，那時是只有7、8人的小公司。由張澤銘任董事長，徐國琛任總經理。當時他們常驕傲地自嘲「我們公司雖小，但學歷都是碩士、博士以上，只有董事長學歷最低，台大國貿而已！」

當時28歲的張澤銘，募集資金的過程倒蠻順利的。因為很活躍的張澤銘，大學時平常跟一掛國貿系和法律系的同學打羽毛球，這些後來都成了他創業時的小股東。他創業時登記資本額1025萬，就是朋友三十萬、五十萬標會集資成的。

公司取名Atlas（中譯亞特列士）是因為Netsccape3.0版就叫Atlas，是擎天神、疆土之意，張澤銘喜歡這個名字的豪氣，和自己投身網路的決心十分相稱。後來也證明亞特列士的成績果然雄霸一方！

首先他們找上台北汐止遠東企業大樓談網路社區的技術服務，成功地以公司股票換得一半產權，不但公司有一個分身，也因此接下其他校園網路系統、網路大樓等生意。另外他們憑著技術嘗試標公家機關的案子，架設網站，但都入不敷出，第一年虧了一百多萬元。

網路影音代理權威

當時苦思突破的張澤銘從網路上發現這家Real Networks 開發的影音產品技術不錯，也看好影音技術上在網路上的應用，便找上門洽談代理權。由於之前張澤銘銷售Netscape的成績很好，在經過三個月的協商往返後，小小的亞特列士最後在七、八家競爭者中脫穎而出。

簽下代理權後，張澤銘積極拜訪各廣播電台，尤其對知名電視台著墨最深，鼓勵他們用這套產品做網路上的播送。其中原居三台新聞收視率末座的華視，因為積極求突破，而採用這套軟體。果然華視網站開播後，華視和亞特列士都雙雙因此反敗為勝！97年，公司成立第二年，亞特列士就轉虧為盈，且年年都有盈餘。之後，亞特列士又陸續簽下知名的Live Picture軟體、MediaRing Talk等等，有了這些工具，在推動原先的系統整合事業更加順利，接連為Hinet、Seednet等大型ISP做網路即時影音系統規劃。

有一件張澤銘印象深刻的趣事是：他曾拜訪1K電台，請主持人準備相關資料，帶到辦公室給他。偏偏那位先生找張澤銘兩次，都是半夜三點多的時間，剛好張澤銘也都正好在加班趕工。主持人對張澤銘的認真大為感動，到處替張澤銘宣傳：「亞特列士的股票可以投資！」張澤銘則笑著回憶：「我平常每天頂多忙到十一、二點左右，就那兩天特別晚，卻剛好都讓他碰見了！」

張澤銘經營台灣影音軟體市場的成功已經在美國有名聲，國外網路影音軟體相關業者要進軍華人市場前，都知道要來請教張澤銘，確認可行性。有些軟體業者根本自己捧著產品上門，希望與亞特列士合作開發亞洲市場。

前進電子商務

亞特列士另一個事業部就是多媒體網站規劃建制，最著名的例子就是華納威秀影城網站，吸引不少人的注意。此外亞特列士早在三年前，就看好電子商務，並申請好台灣購物網www.mall.net.tw的網址，最近又因簽下IBM的收費機制（Net. Commerce），更是如虎添翼。在自家展示網站上，將Live Picture、Real System、Net. Commerce功能三合一的整合，兩個月就有四千筆交易，金額不高，但重複購買率有65%。產品特殊魅力（如扁帽，且是工廠直營，別處買不到）外，網站本身的視聽效果也是吸引人潮的原因。

這在目前大多數網路公司都賠錢的狀況下，特別令人羨慕。張澤銘說：「我們公司任滿一年就有基本配股20張，連小妹也一樣，大家都有百萬身價。」短短三年多亞特列士已經成長到40多位員工，資本額1.9億，明年才開始引進法人投資。

亞特列士更令人羨慕的是：「我們的業務員，每天都在網路上看電影、聽音樂、看股票行情。」由於公司產品圍繞影音的應用，在秀產品的同時，也能娛樂一下。亞特列士自己的研發部門，目前已經開發I-TALK（名稱暫訂），有網路上一對多傳呼的功能，適合新聞媒體、金融證券業應用。研發人員的努力讓大家在工作的同時，見識科技的新奇與威力。

電子商務觀察

在張澤銘眼中，電子商務成功要有三個條件：

1 地理、環境差異夠大、夠廣。

2 人才、教育素質有高低之分。

3 經濟狀況、所得水準差異大。

所以他認為：台灣和日本是一類市場；中國大陸、美國、歐洲又是一類市場。他以美國網路界蓬勃的情況為例，「美國地大物博，禮物、書籍、拍賣的網站都可以很成功，而且只要成功打響名號，獲利驚人。不像台灣、日本一出門就是7-11，購物方便，資訊流通也快，網路的優勢發揮不起來。加上市場小，就算有了名氣，也不會有暴利。」他認為，美國的網站經營當然值得參考，但是也要注意先天環境上差異，所以台灣一定要有獨特的經營模式。

以他評估，電子商務中，BTOB是最穩定的市場，且成本也較低，目前亞特列士自己參與的BTOC領域，風險就大多了，但它可以做到無國界之分，且以自家網站65%的重複購買率來看，張澤銘對民眾上網購物的信心非常高興。

機制平台的提供

亞特列士自己也參與電子商務，對電子商務也有獨到的看法：觀經營電子商務要用另類的思考，張澤銘就強調「機制平台」的觀念。

「現在許多人都在做內容網站的經營，但是台灣市場太小，而且網站經營有地域性，若想進軍大陸市場，勢必要和當地業者合作。談到合作就有現實的問題，勢必要重新洗牌，大陸網路業界的水準也不差，市場又比我們大，台灣業者是不是等著被購併呢？」

所以亞特列士衡量市場和自身優勢，目標在於影音機制平台的經營，這是可以到處通行的生意，不受地域限制，真正發揮網路的效益。憑著突出的創意，還要透過優秀的技術落實，現在新投資的寶訊通就是與寶來證券合作，開發網站傳呼等功能，將來營業員可以隨時透過網路通報最新股票訊息，更可以應用在各地新聞記者即時發送最新新聞，影像、聲音都能馬上呈現。「這樣的技術服務，我就有信心可以應用到世界各地，沒有文化、地域限制。」

「網路一定要跟生活結合，與其想著吸引人上網、停留，不如遷就消費者的生活習慣，讓大家用現有的其他通訊工具享受網路的方便，這才是獲利的關鍵。我真的相信網路的空間和機會還很多。」現在亞特列士手上的資源已經很多，積極想成立子公司，卻苦於找不到獨當一面的適合人才，可想見亞特列士已經在網路業摸索出心得，可以大張旗鼓了。

有價資訊的觀念

張澤銘還談到，現在許多有價值的資訊不敢放上網路，因為網路上複製太

容易，且強調免費，所以目前網站上內容有點貧瘠，因為大家都還在觀望。張澤銘也認為「我不認為靠網路廣告可以有多少收入，網路上重要的還是有價值的資訊。現在網路上資訊太多，我更相信機制平台的機會，以這樣的平台做過濾資訊的動作，然後向使用者收費，這樣才合理。如果不管用不用心經營，全部免費，如此一來努力的業者在網路上得不到鼓勵與支持，會影響提供好資訊的意願。」

亞特列士代理的Live Picture可以做到3D立體旋轉、Zoom In Zoom out的功能，還能360度立體環場功能，用來呈現大型場景、人像都可以十分清晰。在防拷的功能上，有防止複製、下載、列印的設計，因此業者可以大方在網站上秀出圖片，依使用者需要收費。目前和Seednet合作的方式，就用扣點的小額付款方式，收取圖片下載的費用。

「有價資訊的觀念一定要建立起來，不然網路環境及品質不易提升。我們提供優秀的內容呈現機制，搭配合理的收費機制，消費者有方便、高級的視聽享受，業者有利潤，這樣業者會為了口碑而戰戰兢兢，更用心經營，不敢隨便砸了自己的品牌形象。」

網路世界的衝擊

張澤銘認為：「將來十個在咖啡店喝咖啡的人，有九個是失業的人，另一個則是靠網路自動賺錢的有錢人。」意思是網路興起會取代許多人的工作，但也有人會因網路靠網路技術自動幫他賺錢。

張澤銘不斷強調網路世界中「數位」的魅力：「網路的魅力在於它的複製成本很低，以前你銷售任何一項產品，賣一個和賣一萬個所衍生的人事、通路、包裝等成本差很多，但網路上卻可以降到最低。跟網路的概念最接近的就是電影，給一個人看和給一萬個人看的成本差不了太多，你只要花一次力氣就可以坐享成果。」

「網路絕對是值得年輕人參與的行業，50歲那一輩的人，靠著一輩子一分耕耘、一分收穫，慢慢累積財富；40歲這一輩靠著十年在財經界的經驗，很快的創造財富；我相信30歲這一輩的人，憑著技術和行銷的功力，可以在網路的世界快速成功。這樣的機會和趨勢，五年內都還不會變。」

穩健的管理作風

雖然經營非常年輕的網路事業，他也透露對多年管理經驗的重視：「雖然行銷、創意的人員強調年輕化，但管理制度的擬定、執行，我還是延攬有管理經驗的人來擔任。年輕人的社會歷練不夠，處理危機能力也較不成熟，之前我在幫人評估投資案的過程中，看過不少技術很好的團隊，卻敗在資金、管理制度上，非常可惜。」

由於見識過其他公司人事傾軋、明爭暗鬥的的狀況，張澤銘非常重視團隊合作、人性管理的氣氛。「網路業壓力很大，我們起薪也不高，但若有表現絕對跳得很快，員工若有心，老闆也要敢給。我在發年終獎金的時候，會假想若是這個員工全家只靠這一份獎金過年時，我給得會不會太少？」張澤銘非常欣慰公司的流動率很低，大家向心力很強。

由於股東裡律師特別多，所以公司制度特別照規矩來。「資本額登記1025萬就實收1025萬；從一開始就每年花幾十萬財簽、稅簽費用不敢省；我們的監察人制度也都真的落實，希望真的做到互相監督、互相協助的功能。」

對網路的省思

對於想投身網路業的人，他提醒：現在創業資金只有一千萬恐怕是不夠的，八千萬還差不多。只要看好市場，就不要猶豫，一定要堅持到底。至於想投資網路股的人，他也絕對同意網路股值得投資，但是一定要評估股價合不合理，經營方向是否有前景，最重要的是經營團隊的態度是否誠懇、務實。

「之前一直想著如何獲利，幫同仁、股東賺錢，但最近反而關心的是同仁的安全、福利問題。看到網路股狂飆，也會想到社會責任問題，最近網路突然引起注意，大家都想撈一筆，股價一直飆高的結果，搶到最後一手的人最倒楣。網路股再好，也有合理的股價，我絕對不願看到任何股東套牢，所以希望大家冷靜看待網路股。」張澤銘語重心長的說。

「之前亞特列士知名度不高，就是因為沒有財團支撐，自忖資源不多，沒本錢『燒錢』！發現ISP、ICP經營成本太高時，就想辦法從代理開始，一買一賣，雖保守卻穩定。現在才有本錢經營電子商務，開始有做行銷宣傳。一個公司第一年風險最大，現在亞特列士三年多了，基本上問題少很多了。」張澤銘在策略上大膽靈活，經營手法務實穩健，讓亞特列士穩定成長，前景可期。

創業有成，張澤銘有時卻會想當公務員就好了，因為壓力太大了。由於自己只有31歲，常常要想辦法裝老練。經營亞特列士後，眉間出現了很深的懸針紋，坊間咸認對事業有幫助，亞特列士也真的一帆風順，張澤銘自己也覺得有趣。平常除了開會、拜訪，一有空檔就是員工請示的時間，連上廁所的時間都沒有。為了掌握新知脈動，他還請親友當他的「讀書部隊」，將他想看的書，做成簡短書摘給他。

面對今日的成績，曾經重考過的張澤銘自謙：「我不是很聰明，但我很努力，機運也不錯，有很好的前輩提攜。我相信努力的人不一定成功，但成功的人一定是努力的人。不努力就算遇到機會也沒有用！」

旭聯科技股份有限公司
總經理
張財銘 1967年生
A型 巨蟹座
交通大學控制工程系
政治大學企管研究所
車庫創業已經不稀奇，在閣樓創業才新鮮！28歲和朋友以一百萬的資金和技術知識闖蕩江湖，在自家戲院閣樓夥同朋友沒天沒夜寫程式的張財銘，因網路同學會一炮而紅，並獲得宏碁集團的賞識與投資，下一波行動正要開始，一切都在計畫中——

積極經營自己

從來就蠻活潑的張財銘，剛到交大時不太適應新竹及交大，這種「適合念書」的環境。大學念交大控制工程系的他，非常積極參與活動，除了擔任過班代、系代等，在大三時還當上活動中心康樂副主席，有機會辦更大型的活動，帶梅竹賽的啦啦隊就是印象深刻的回憶。

在這些經驗中，他感覺結合大家的力量辦活動，讓大家都能參加，並且覺得愉快有趣，給他很大的成就感。雖然學校的的成績也不錯，但是他覺得再好的工程人員，所發揮的影響力有限，這無法激發他投入熱情去從事研發工作。想到將來，他不想老是窩在實驗室，所以他決定去考商研所，也認真著手準備轉換跑道。很幸運的考上知名的政大企研所。

政大企研所的風氣鼓勵學生多接觸實務，因此這樣的環境對張財銘簡直如魚得水。平常就找機會接專案磨練外，也積極到業界兼差打工。所以除了IBM，他在碩一下開始到HP，做Part-Time的Telemarketing。他在HP受了完整的業務訓練，從企劃一個Program，到真正執行、驗證結果，他都親身參與經歷過。

此外HP每天下午還有一個Coffee Time的設計，是讓各部門互相交流的時間，張財銘也把握住機會和前輩請教。回想起HP的訓練和制度規劃，讓他深諳一個大企業的風範和經營之道，覺得獲益良多。

此外他也在課餘兼了一些小公司的顧問，在這樣的過程中，學習挖掘經營管理的問題，並將它解決。因此雖然還是學生，在經營管理上已有經驗和心得。

當時張財銘研究所是拜在吳思華老師門下，專攻策略。有人告訴他，要在企業裡做有機會做BD(Business Development)策略發展，起碼要35歲以後，有了很多歷練才有機會。然而他不到30歲就有機會發揮了，還頗有成績。「網路同學會」就是代表作。

為創業鋪路

研究所畢業後，張財銘和大多數人一樣去當兵，但不同的是，他在軍中認識不少將來的創業伙伴。由於擔任政戰官，因此有機會當三民主義巡迴教官，這個經歷懷他訓練口才，也藉機認識不少朋友。有些成了他的創業伙伴，像現在旭聯副總秦民，當時就是他在軍中的學長。

退伍後張財銘正考慮要去IBM還是HP時，因為當時家裡在台南經營一家電影院，且剛好當時有些事情忙不過來，所以父親希望他能先回家幫忙處理戲院的事務，因此張財銘就先回台南。企研所畢業的他，三兩下就把排片時間規劃出來，只要照著上片就好了！既然有多餘的時間，台南當時又沒有大

規模的電腦或資訊公司，26歲的他心想，那麼就創業吧！

對畢業的社會新鮮人張財銘來說，創業並不是遙不可及的事！因為在大學、研究所時代就常辦活動的他，經驗讓他相信：凡事只要用心規劃就會成功！尤其研究所時，碰巧能和政大企家班的各地菁英前輩做同學，常和這些企業家討論，從中學習不少企業家的風範和理念，張財銘在這樣的環境潛移默化下，自然是內力大增。

閣樓裡的創業家

所謂「藝高人膽大」，83年時，他夥同高中時的同學，一人負責技術，一人負責行銷，湊出一百多萬的資金，便進軍多媒體業，把自家戲院的小閣樓整理整理，就開張了！當時多媒體還是很新的東西，他們的[創旭]電腦，是台南第一家多媒體公司！張財銘自己買來原文書、軟體，如Authorware、Action，來研究多媒體。當年年底正有選戰開打，他們順利接到選舉的案子，做了一個動畫的錄影帶，在地方電視台播出，特殊的效果頗引人注目。因此也開始陸陸續續接到許多企業的CD-Title 簡介光碟生意，也忙得不亦樂乎。

不過眼光總是看在未來的張財銘，自忖若要做一個精緻又有競爭力的多媒體產品，一個案子動輒一、二千萬的製作費，光是人力需要二、三十人，來做企劃、寫程式、設計美工等工作。這對他目前的公司規模，是吃不下來的市場。他的研發團隊技術一流，但這樣下去，不能有更大更好的發展，公司成長也緩慢，他要另外殺出一條路才行！

剛好大學同學林伯伋從美國回來，林伯伋跟他談起美國網路業蓬勃的景況，讓張財銘開始認真思考轉變的可能性，後來他就選擇在南部開始承接各種跟Internet相關的專案。那時他們窩在自家戲院的閣樓上，發展出很多套裝的網路相關軟體，讓客戶能不必花錢再請專業工程師、買昂貴的伺服器，就可以很容易就上網！張財銘很自豪的表示，「當時就已經開發出有線電視網路系統，這套系統讓你不必透過電腦，只要普通的電話、電視，就能上網，還申請有專利呢！」

二度創業

85年張財銘認定網路業極適合資本小但技術強的公司投入，時機也不錯，決定全力轉向網路業，這次湊了近一千萬，成立了「旭聯科技」。將公司營運Focus鎖定「網際網路資料庫」上。剛開始以開發網路應用軟體為主，除了接政府的專案，也陸續推出網路電台、網路大樓、網路商城等，業界都有好評。

86年因業務需求，開始在台北設辦公室，推出CityNet網路商務聯盟，而

研發團隊仍留在台南。開始接觸電子商務後，旭聯開始展現它快速的應變與靈活的策略。

策略戰爭

由於推動電子商務的成功關鍵，在於成功的把顧客留在網路上！因此虛擬社群的觀念，受到許多人的注意。社群的觀念說來很早就有發展，BBS算是很早就在發展的討論群體。那時多以興趣來分類，直到「Net Gain」，中文譯做「網路商機：如何經營虛擬社群」這本書問世，引起話題，開始有許多覬覦網路商機的人，認真在WWW上經營社群。

那麼要如何吸引顧客的忠誠度，並成功的經營呢？1998年就開始嘗試網路社群的旭聯，後來在1999年初的[網路同學會]CityFamily，給大家一個很好的例子。

網路同學會

張財銘認為旭聯找到很好的切入點，是成功的關鍵。「首先，對重視人際關係的華人社會，同學會是有吸引力的題材。

「其次，當時見到熱烈的回響，旭聯大膽地提出免費加入的構想，這一來會員人數更是飛快攀升。因為我認為網路上消費者的注意力有限，要讓消費者很快就做決定，我們也要大方！」

「再者，旭聯趁勝追擊，環繞這個主題，提供更多服務與活動，擄獲顧客的心。」

網路同學會的成績，說來很可觀。至今仍以每天將近一千人，五十個社團的速度成長。最新資料已有三十萬名會員，31000個Club，整整超越同業第二名兩倍。

網路社群的價值

經營電子商務前要有社群鋪路，引擎龍頭Yahoo很早就提出結合Community和Commerce的架構。張財銘說，這樣的概念連搜索引擎龍頭Yahoo也在1999年的年初強調，Yahoo今年將會把重點放在Community和E-Commerce的整合上面，因為社群網站可以有效讓網友的忠誠度及停留時間大幅提昇，讓電子商務的運作更加順利。張財銘還舉出 美國最大的Community被Yahoo以32億美元購併，以及商務公司Amazon也早在數年前就購併社群網站 Planetall，另外也有許多知名的社群網站像Xoom，iVillage獨立上市後市場價值都超過8億美元等例子來說明社群網站的價值。社群的重要性在台灣也正在快速提昇當中，目前不但繼Cityfamily之後，已經有多家專門的社群網站前仆後繼的投入此一領域，就連一般的公司站台或入門網站也開始重視Community的發展，張財銘提到相信在一年內所有的網

站都會將Community及E-Commerce變成網站必須具備的功能，這個證明Cityfamily所堅持的方向相當的正確且相當的有潛力。

但旭聯分析，跟其他以興趣為主題的社群比較，同學會的主題，因為適合東方人，且旭聯提供十分友善的環境，「我們把小學到博士班的空間都預備好，使用者只要One Click即可輕鬆加入，非常方便。」

以同學會的主題所串連的社群和一般以興趣做串連的社群不同，「同學會」的會員會自己營造話題，也不會因轉移興趣，而完全流失這個會員。但若只以興趣分類就有這種風險。當然旭聯仍附設有以興趣分類的空間，滿足網友的需求，「我們的會員停留時間通常有二十分鐘，這個記錄僅次於網路電玩站Gamezone」張財銘非常滿意這個成績。

為了充實社群內容，旭聯還發展CityMedia免費出版編輯軟體，與中信投信、聯合新聞網、台視、震旦行、ELLE等各行各業合作提供各式各樣的內容。

旭聯經營同學會的創意處處可見，曾在今年過年時舉行【全球華人上網守歲活動】，讓各地校友上網辦新春同學會。五月時，配合畢業季節來臨，推出網路畢業紀念冊，讓網友可以編輯，並上傳照片。張財銘指出，「經營網路同學會其實對我們來說蠻耗心力的，但最感動的是，有人跑來告訴我們，他透過這裡找到他在馬來西亞的同學；還有剛開始時，我們整整一個月，沒有花錢做Promote，可是發現很多人在BBS上替我們宣傳。除了知道自己找對方向外，也鼓舞同仁更用心經營。」

二層式社群架構

除了同學會為經，又設計以網路社團為緯。順利打響知名度，同學會/社團的模式既然獲得肯定，也有了足夠的經濟規模，旭聯又在這個基礎上又增加社群中心，再切入個人資料中心，開始電子商務的經營：以都會拍賣網CityMart面貌呈現，初期以集體採購為主，陸續將推出BTOB（企業對企業）CTOC（消費者對消費者）的服務。

此外與統一型錄合作，開始「分眾行銷」，也就是針對不同屬性的社群推出相對應的產品資訊及廣告，張財銘稱為[目錄式服務]。此外又衍生[關聯式行銷]，為忙碌的現代人提供貼心的提醒服務，如某人生日快到了，依資料顯示其興趣嗜好為何，建議適合禮物有哪些等等。

3C網路

張財銘提出3C來說明旭聯經營的思考邏輯，他認為網路成功的秘訣，在於提供溝通(communication)、資訊內容(Content)及交易(commerce)。而旭聯科技的新3C策略，指的就是透過社群（Community）的溝通機制，進而

將資訊內容（Content）與電子商務（Commerce）的交易機制結合，在此新3C策略下，旭聯結合社群、內容與商務的三個網站，正好也是3C開頭，包括了CityFamily、CityMedia及CityMart，這就是旭聯一步步打造出心目中的網路社群的步驟。

與宏碁結緣

為了要經營電子商務，旭聯努力地找來各家廠商，提供產品。當初由於看上Notebook的商機，很早就找上元碁談策略聯盟，結果宏碁集團最後當了旭聯的股東之一。會得到宏碁集團的青睞，是因旭聯在短短的時間內，將網路同學經營的有聲有色。當時吸引大批創投前來問津，然而旭聯還是決定選擇宏碁集團。

張財銘解釋：「宏碁的文化很吸引我們。宏碁對旗下的夥伴有Client－Server的觀念，他們稱『有包袱不必背，有資源儘管用』。我們找他們談的時候，也不過是個只有1800萬左右資金的小公司，但我卻有機會見到忙碌的黃少華先生、王振堂先生等人。那時雖然還沒有正式決定要投資，他們還是花很多時間指點我，鼓勵我，給予不少意見。」

三個多月後，投資案敲定，旭聯得到宏網近4000萬的資金，如同打了一劑強心劑。張財銘對宏碁集團的氣度有很高的評價：「宏碁認為投資是抱一種願意陪你一起走的心態，所以會積極創造資源給我們，而不是只是投了錢就等回收，也不會因為投資你，就勉強你和自己的子公司合作。相對的，當然我們批宏碁集團的商品不見得就有較好的價錢。因為宏碁覺得投資這些公司，就是看好我們的潛能，我們會自己去評估該怎麼做，雖然不見得有好的deal，但起碼在同一旗下，感覺就像加入一個Club，至少我能更早approach新產品。在網路業，時間就是很了不得的成本。」張財銘有條理的分析。

品牌決戰點

張財銘認為在過去網路還很蠻荒的時代，只要有很好的點子，就可以有很好的成績。但以目前網路業的狀況，光是創意已經不夠！他認為現在大家會開始講求品牌，因此，網路已經進入重要的決戰點的時點了。

這時，執行力相形之下非常重要！張財銘強調，一個Project要跑的順利，創意、策略是基本的條件，此外決策要快，行動要大，已經不是年紀輕、人脈和資金不夠的小公司能扛得起的規模，跟以前相比已辛苦許多。

他分析，「跟大陸的網路環境比起來，大陸因為上網還沒這麼普及，所以網路上還是蠻單調的。而臺灣的網路環境已經開始進入分眾行銷，因此要趕快坐穩第一的位置，否則很難生存。」

張財銘自己就是一個網路迷，「我是Hinet ms1的使用者喔！」從這點就可看出他的老資格。不過自己經營公司後，上網都不是為了娛樂，「現在上網都是在觀察別人，不管國內或國外的對手都很注意，由於產業還很新，要花很多時間想策略。」每天工作至少15個小時，不只是我，同仁也都一樣。現在他自己對旭聯的期許已經延伸至大陸、新加坡等地，目標是要做到「Best Asian style community」。

網路行銷創意戰

他認為現在的Business Model還在強調pageview，依多少人瀏覽網頁，然後依此衡量廣告費用，評斷一個網站的價值，是已經落伍的觀念。「消費者已經很聰明，目前流行的Banner橫幅廣告、點選廣告，都不容易吸引他們的注意。這就是為什麼我開始嘗試「贊助式廣告」，舉例來說，很多人會上網打麻將，若我在麻將桌上放旭聯同學會的廣告，那他們起碼會看個幾十分鐘，很難不去注意到。所以網路上經營要有巧思，我們在今年六月的跨世紀網路迎新活動，就這樣嘗試過，客戶很欣賞。」

針對網路族極短的注意力，他認為「個人化行銷」的觀念用在網路再合適不過！「要將對的廣告送給對的顧客，我們有了成功的社群，豐富的個人資料，就能針對個別年齡、性別，做正確的訴求。」

「現在大家都開始經營電子商務，然後注意力會漸漸放在營業額，誰能經營出高營業額，誰才能有豐厚的廣告收入，這個網站的價值也會因此而水漲船高，將來要證明你的電子商務模式成不成功，就是看你營業額的成績單！」

自我學習和抗壓的能耐

「我們在面試員工時，很注重他們自我學習和抗壓的能耐。」

張財銘強調，「因為網路是個變化很快的產業，唯一不變就是變，可以說一年當三年用。其實公司本身也都還在摸索，沒有人敢說是對或錯，員工自己要能很快摸清楚是怎麼回事！」

旭聯本身的成長速度非常快，最近三個月就增加快一倍的人力！已經是將近60人的公司。常常會因為環境有變化，組織就要做調整，「今天將一個小組拆開，明天又另外整合成一個小組，這種情況很常發生，所以適應力要很強，壓力很大，要能跟得上變化的環境。」

快速溝通與決策

由於旭聯的研發團隊在台南，台北是業務行銷單位。管理上便充分應用網路的特色，可是自家產品的愛用者喔！員工都在「旭聯Club」中互相交流，還鼓勵老員工在精華版中貼出心得，將經驗傳承下來。組織強調扁平、快

速，大家發言權相同，也鼓勵員工發表意見。「遇到一般問題，我們只分兩個層級就解決，網路的環境不能有太多層級。」

在旭聯，網站主持人(WebMaster)是個很吃重的角色，要像照顧一個嬰兒一樣，張羅各社群的策劃、主題活動、安排廣告等等，我們特別設了一個WARS小組來做後援。

邀伙伴的心情

張財銘年紀雖輕，談吐斯文有條理，但在很多方面都看得出他的果斷。

「對我來說，錢不是最大的成就感！我就是喜歡一群人合力完成一件事，網路是個需要集體作戰的環境，所以人的因素很重要，現在由於在短時間內由小公司往中型公司擴張，管理上困難許多，我還需要更努力！」張財銘微笑著說。

「我們大家年齡層都蠻輕的，召募員工是用一種邀伙伴一起打拼的心情，我會很明白的告訴他們，若你只是想求安穩，就不要嘗試我們公司，你若只是想要一個單純的Job，那我會另外替你介紹工作。我們很樂於和員工分享成果，在股票上公司都很慷慨，但是也要求你要相對付出。」

「我和創投接洽時，也會說明我們的立場，這個產業的風險很大，但也因此我需要你一起來幫忙，降低風險。後來宏碁的想法和我們契合，我們也同意承諾它是我們最大的法人股東。」

由於網路同學會的成功，已在臺灣拿下第一大的社群人口，未來更乘勝追擊，正往所有華人區推廣，加上一直耕耘的電子商務技術的基礎，以及政府推動電子化政府的機會，都讓旭聯對未來充滿了樂觀的想法。雖然張財銘一直謙虛地說是機運不錯，但相信除了一點點機運，張財銘的確發揮所學，靈活彈性的策略已說明一切！

英特連公司總經理
林伯伋 1968年生
O型 天蠍座
交通大學控制工程學系
美國Syracuse大學MSCE
電腦工程碩士
麻州大學波士頓分校
MBA企管碩士

從高中就立志要闖出一番局面的林伯伋，很有計畫的一步步實現創業的理想。很早就看好電子商務，定位為Your Internet Solution的英特連成立四年餘，曾因太早進入市場吃過苦頭，現在已是英特爾的策略伙伴之一，正朝亞洲電子商務軟體開發中心邁進。

雄中學生的雄心壯志

經常在中小學科展中得獎的林伯伋，從高中就想著要打敗國際大廠！在高雄中學就讀時，曾擔任電子研習社社長。熱愛電腦的他，由於感覺到國外技術的強勢，那時天真地常和同學聊天，想著「總有一天要開一家公司，做一些可以獨步全球的產品！」

上了大學後，念控制工程的他，更在第三波主辦的計算機設計競賽中，以電腦鼠「Robert」的技術獲得矚目，被第三波雜誌邀請寫專欄，還曾由第三波出書「電腦鼠製作實例」。

功課上游刃有餘，活躍的他，在校園裡也不斷嘗試開發自己的潛力。除了系上的活動，大一時還一口氣參加了演辯社、羅浮社、心輔社等完全不相干的社團，也籌辦了不少學校的活動。

林伯伋也曾在加油站和學校餐廳打工，當時在餐廳洗餐盤時，也不忘苦中作樂一番，和同學，分工將亂糟糟的碗筷分門別類再統一清洗，連洗碗都用心思考如何增加效率，自詡「二餐快手」。日子這麼忙碌，仍不時動腦筋想創業的點子，例如他曾經自己和同學做了一些電子套件(KITS)，打算拿到光華商場兜售，不過那時忙於活動的他都沒有真正付諸實行。

這時的林伯伋，書架上除了電腦等技術類書籍，另外一半就是一些企管類書籍，也有一些自我激勵的書。原來林伯伋喜歡觀察，研究趨勢的習慣，從這時就有跡可尋。他勇於嘗試新領域，是為了拓展視野，也是在這些經歷中，他瞭解到自己不會一輩子走技術人員的路，他打算走不同的路。

大學時愛看電影的林伯伋，在許多影片中看到美國大都會的景象：人們衣著光鮮亮麗，穿梭在高樓大廈間，談笑自若的決定動輒幾百萬、幾千萬的生意，心裡非常嚮往，更加確定他的創業念頭。

為了增加自己的眼界，林伯伋決定和女友相偕出國留學，他預計先念資訊工程，再念MBA，開始積極準備托福、GRE。當兵時，又一口氣準備GMAT，為MBA做準備。由於在野戰師步兵營當排長，裡頭的人形形色色，來自各種階層，讓他領悟到能有機會受教育，非常幸運。

打入美國圈子

出國後，林伯伋為了磨練自己的英文，也覺得要入境隨俗，既然千辛萬苦來到美國，就要好好瞭解他們的文化，融入他們的圈子。他刻意和美國同學合租房子，找機會參加他們的活動，瞭解他們的想法。

來美國半年，一件悲慘的事發生，女友因為不適應美國的環境而離開了。樂觀的林伯伋只好化悲憤為力量，更全心全意追求自己的理想。由於美國規定留學生第一年不能打工，林伯伋便在課餘時，開車到處看看。當時他第一

次來到Boston便愛上這個城市，它的人文氣息深深吸引林伯伋。雖然，他知道終究一定會回來台灣發展，但他仍打定主意有機會一定要來這工作、生活一陣子才回台灣。

來美國第二年，終於可以打工，林伯伋積極地找機會幫學校單位的Lab寫程式。由於決心不向家裡伸手，林伯伋打工的紀錄還被發條子警告：因為留學生打工的一般時數規定是一星期20小時，但他登記的工作時數高達40小時，可見他拼命三郎的個性。

學位快到手時，林伯伋和大家一樣，也面臨找工作的問題。但是92年的美國還是很不景氣的時候，許多當地人即使是熱門科系也不見得有理想的工作，台灣的留學生更是紛紛打包回府。但是林伯伋在Boston工作的心願未達成，念MBA的學費沒有著落，林伯伋打定主意一定要找到工作！且一定要在東岸找到工作！

與Boston 的緣分

由於他和美國人混得很熟的關係，他輾轉得知學校就業輔導中心(Placement Office)的服務。「美國的Placement Office做得很用心、很徹底。他們會幫你修改履歷表，幫你模擬面試技巧，是非常貼心的服務。」林伯伋回憶道。此外他到處留心關於東岸各大城市的就業資訊，後來他發現超市星期天會販售Chicago、New York、Buffalo、Boston等地的報紙週日版，刊登有許多就業訊息。於是他單單訂了BOSTON的週日版新聞，努力找工作，寄履歷表。

皇天不負苦心人，他得到一家位在Boston近郊的公司面試機會，由公司的顧問面試，職務是幫他們寫機票印製及財會系統的軟體。雖然之前曾有類似的經驗，而且和顧問相談甚歡，在開車回家的路上，忐忑不安的林伯伋仍左思右想，如何順利爭取這個工作。回家後，他乾脆花了一個晚上，就把他們期望的程式寫一個簡單的雛形(prototype)，跟念伯士班的姊夫借來印表機，測試沒問題後，馬上將成果快遞給他們。

果然，他為自己爭取到第二次面試機會。這次，顧問讚美他的效率，也很驚訝，因為林伯伋是第一個想到這麼做的人！很幸運地，他在畢業前一個月就拿到IPS of Boston錄取通知。當他進了這家只有8個人的小公司，才知道：這樣的小公司登的小廣告，竟也有500封履歷表應徵這份寫程式的工作！當時的不景氣對照林伯伋的幸運，讓他非常珍惜這得來不易的機會。

老闆的分身

接下來的兩年對林伯伋將來創業影響深遠，因為他在這家公司，他並不只是單純的技術主管，除了成立完整的技術隊伍外，還有機會跟著美國老闆出差、參展、談合作案，來回美國許多城市，有時甚至親自上場為客戶做簡報，代表公司簽約。

白天上班的同時，晚上他在麻州大學波士頓分校上課修MBA學分。修了半年學分後，第二學期就順利獲入學許可。老闆知道他念MBA後，更是借重他的長才，常請他規劃擬定公司的投資計畫。這樣一來，林伯伋儼然是老闆的分身，把老美做生意的一套全部盡收眼底。

林伯伋印象深刻的一件趣事是：有一次潛在大客戶要來參觀公司，但是那時只有6人的辦公室似乎略顯寒傖，老闆為了充場面，便請朋友來幫忙，還買來幾部電腦，頓時辦公室多了十多人。為求逼真，老闆要求幾個人，每隔五分鐘，就撥外線給另外幾個同事；又把老闆會說西班牙文，波多黎各籍的老婆，找來當「南美業務代表」。事前還花一番功夫排練，當天辦公室真是熱鬧非凡，也順利拿到了生意。

在這家公司工作的過程，和美國當地創投打交道的經驗，也讓林伯伋獲益良多。雖然只是一家小公司，但不少美國的創投還是登門拜訪，幾次洽談他就瞭解，以個人名義投資的Angel 和以創投公司名義投資的VC，基本上關心的都一樣，想知道何時可獲利了結。就這樣一點一滴，他學到不少做生意的竅門。

林伯伋如何兼顧工作與課業呢？林伯伋則慧黠地笑著說：「一般台灣留學生來念MBA的，因為語言問題，大部分都念財務，財務這科目要花時間苦讀。但我分析過，一來我對財務沒興趣，二來我確定要走行銷，而最重要的是，行銷的課其實不必花很多時間準備，大部分都是CASE STUDY，只要懂一些基本原則，就能上台分析個案，我覺得很簡單！」這就是為什麼林伯伋能輕鬆應付自如的訣竅！

由於這家公司是在BOSTON的近郊，離林伯伋在高樓大廈上班的夢想還有一段距離，他開始往BOSTON市中心找工作！幸運地，找到Fidelity Investment，一家經營共同基金的公司，擔任網路交易部門程式設計專案經理的工作，在這裡更加認識網路的威力！種下他日後對經營電子商務念茲在茲且勢在必得的種子。

第二家公司是知名的BSH，除了原本的多媒體行銷外，正在開發網路互動行銷的案子，林伯伋擔任Direct Marketing Consultant，對網路又有更進一步的認識。

這時的林伯伋已經開始患「資訊焦慮症」了，不管到哪裡，一定要想辦法上網，收E-mail，不然就渾身不對勁。

1994年，美國還對網路有許多爭論，有人對它推崇備極，也有人質疑會

不會只是一場泡沫？然而，林伯伋卻對網路毫不懷疑！他在94年五月還帶了一套Workflow的軟體回台打探市場，然而發現市場不夠成熟，只好放棄。

紙上勾勒出的藍圖

林伯伋在BOSTON巧遇也在當地工作的學長王恆昌，兩個有心創業的人湊在一塊，常在Chinatown相偕吃飯的同時，在一張張餐巾紙上一步步勾勒出遠景，當時也邀了不少朋友一起打拼，但都意願不高而不了了之。林伯伋拿到MBA後，便辭了工作，與學長全心創業。當時在林伯伋最愛的城市BOSTON登記，Tradelink International，也自己架了網站。他們打算為台灣貿易商提供上網，將各家目錄放在網站上供讀取洽詢，也就是利用網路打知名度做生意。為華人世界中提供電子商務軟體與市場服務。

他與學長商量，一人留美國，一人在台灣鋪路。95年11月，林伯伋便回國開始拜訪客戶，尋找資金。他為台灣的公司想了一個英文名字：Jade Paific Corporation。因為當時電影Jade的海報中那片綠，讓他印象深刻，加上Jade在西方人眼裡就是象徵東方，他確定自己鎖定亞洲市場的決心，便以此命名。至於，公司的中文名「英特連」，則是朋友建議，取Internet的諧音而來。

創業維艱

回台灣創業，首先遇到的是資金的難題，他跟親朋好友談起網路，大家雖然陌生，卻又為他的熱切所感動，以20萬、30萬的友情贊助，當他的小股東。林伯伋拿出當時的積蓄20萬，也申請青輔會創業貸款湊足200萬，一共以600萬起家。（註：美國的公司後來併入台灣英特連）

沒有人脈、名氣，請不起業務員的他帶著一台Notebook，到處拜訪解說他的業務，如同他以前的美國老闆。可是在當時，台灣的網路還是玩家和學生的天下，對台灣廣大的中小企業而言，還是很昂貴又陌生的玩意。可想而知，他在推銷業務之前，光是教育客戶就要花多少精力。當時很多朋友聽到他要創業，就熱心的介紹廠商給他，不管相不相關，林伯伋回想，都覺得很感謝。

以現在電子商務喊得漫天價響的景況，恐怕很難想像當時林伯伋當時四處碰壁的窘境。當時不少朋友勸他做ISP，因此他也只好硬著頭皮申請執照，也做起撥接專線業務，第一筆生意是為「心路文教基金會」架設一個Novell網站，幫他們架一個靜態的網站，也零星接過一些程式設計的案子。但他心裡從沒放棄電子商務，經營ISP等等都只是過渡階段，有機會還是要做電子商務的市場。

危機與轉機

半年後，只有五個人的英特連寫了「華爾街線上報價系統」的軟體，由於在美國的經驗，深諳行銷的林伯伋，想辦法開記者會宣傳，消息披露，吸引大信證券業老闆的注意，請英特連開發券商線上交易。簽下這個生意，英特連終於有機會轉型，林伯伋迫不及待想大張旗鼓，招募人力開發，偏偏這時資金已告罄。原來，青輔會的創業基金申請了一年卻完全沒下文。

有兩位創業伙伴因此離開，其他股東也開始不看好英特連的前景，有了怨言，要求撤股。林伯伋甚至收到存證信函，差點就要上法院。萬籌莫展的林伯伋只好請託一位立委打聽那筆創業基金過關了沒？一個月後，資金順利進來，完成了大信的生意，英特連終於撐了過來。

對證券業而言，大信是國內第一家嘗試網路下單的券商，當時引起不少人的注目。有了大信的案子做範本，林伯伋在推廣電子商務容易許多，後來英特連的「電子券商系統」順利接下太平洋、元大等券商的生意，逐漸奠定電子商務龍頭的定位。

1997年開始，英特連也曾與特力集團嘗試網路商店，為特力屋經營網路業務。由於當時特力屋主持該業務的人員也很年輕，因此一拍即合，雖有零星生意，但時間點太早，效果不彰，上頭不堪虧損就結束了。但這個系統演變成後來的Supershop網路商店軟體。

Supershop是國內第一套針對本土需求的網路商店軟體，強調一個人就能管理會員資料、處理訂單、進銷存管理及物流管理。這套獲政府軟體工業五年發展計畫補助的產品，在本土BTOC的領域，頗受好評。最近英特連則針對個人推出NetMoney強調桌面理財，線上投資，如同把櫃員機搬上桌。

在電子商務一路走來，眼見現在大家大舉進軍電子商務的情況，林伯伋則提醒大家經營電子商務成功的四項重心：1.經營者決心：一旦踏入網路，經營的型態、組織要有隨時因環境改變做應變的準備與決心。2.Domain Know-how：經營者要對經營的領域有足夠的之事作後盾。3.技術優勢：對網路軟硬體的技術支援要夠強，不能讓使用者覺得不易使用。4.電子商務Know-how：電子商務是一個短時間內興起的顯學，面對這樣一個新型態的領域，要比別人早一步掌握經營的訣竅，才能領先。

電子商務經營上目前的難題是人才和Know-how，大家都還在摸索。過去英特連佔了市場先佔及技術領先的優勢，但現在爭的是整體行銷的優勢，尤其國外大廠也紛紛投入這個市場，競爭越來越激烈，越來越辛苦。

台灣在網路產業上的優勢？「在某個程度來說，同是華人區的台灣，自然有語言上優勢，但現在大陸的留學生也很多，這些擺脫共黨陰影的年輕人，在想法上見識上，將漸漸和台灣沒什麼兩樣。目前也許他們落後大概兩三

年，但我相信過不了多久，他們就會追上來，到時候，台灣該怎麼辦？」

再者，林伯伋也提到：美國在網路上的發展，一向比我們早一步，他們也懂得結合當地市場的文化，如果台灣廠商不想侷限在台灣越形狹小的市場，就一定要走出去，去看看外面的變化，尋找更大的市場。

亞洲最大商務軟體開發中心

現在的英特連已經是一百多人的公司，更在香港開業生根，專門協助企業發展加值型網站，提供網站經營諮詢。明年將公開發行，也即將在新加坡、大陸等地設點，林伯伋的目標是：三年後成為亞洲最大商務軟體開發中心。

林伯伋目前的工作內容在趨勢分析及策略的規劃，推動新產品的開發。當然這讓他對資訊新知極度渴求，常出差的他，每到一地就先找可以上網的地方；出門若忘記帶大哥大，一定要折回家拿才安心，不然的話，會一整天都不對勁。「好像很多在這個行業的人都這樣！」林伯伋笑著說。他一點都不擔心被資訊淹沒，反而非常喜歡這樣的生活，而他現在給自己的期望是加強溝通能力。

學習能力

為因應網路的快速變化，他設立「特勤小組」，隨時從行銷、研發等單位抽出人員組成新的小團隊，有時的確造成人員的不適應，覺得不穩定。因此林伯伋甄選員工時，很重視學習能力。「素質很重要，再加上一些相關經驗就可以，在這新領域，本來就不可能有太多經驗，能夠適應這種組織時常調整的文化才重要。」

傳統的一面

英特連的總經理曾留美，前身也登記在美國，雖然與美國這麼有淵源，但卻有個非常中國的傳統。辦公室的擺設看過風水，公司名號也請人算過筆畫，連新幹部來公司報到，都要看黃曆，挑好日子：「我們抱著一種嫁娶的心態來迎接同仁，所以會先翻黃曆，找適合嫁娶的日子請他們來報到，跟一般公司很不一樣。」

在林伯伋的辦公室有一張座右銘：贏家與輸家

贏家永遠是答案的一部分，輸家永遠是問題的一部分；

贏家永遠有一個計畫　輸家永遠有一個藉口；

贏家常說「讓我來幫你做」　輸家常說「那不關我的事」；

贏家總是看到每個問題的答案　輸家看到每個答案的問題；

贏家常說「可能很困難，但希望很大」　輸家常說「可能有希望，但困難重重」。

英特連今年還因為在台灣電子商務耕耘很久及龍頭地位，得到英特爾的青

睞，成為英特爾的合作伙伴。從高中就夢想著打倒世界大廠的林伯役，正一步步實現他的計畫，他的故事真的印證了「人生有夢，築夢踏實。」這句話。

憶弘資訊 總經理
黎怡蘭 1967年生
AB型 水瓶座

不到20歲就立志要創業的黎怡蘭，25歲就真的當起總經理！環坐在玩偶中的她率真又有自信地說，「其實我自己一向很清楚自己要做什麼，也相信自己的判斷」Hikids是她在網路初試啼聲之作，一向被視爲不按牌理出牌，這次又有什麼奇招？

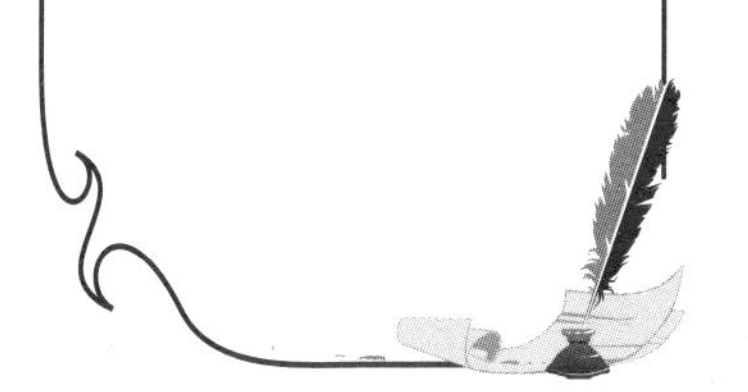

與娃娃的淵源

辦公室裡圍繞著玩偶的黎怡蘭，談起每一隻玩偶，都可以滔滔不絕如數家珍！她對娃娃的熱愛其來有自，因為媽媽親手做的娃娃，也是她那時第一個娃娃，被哥哥不小心掉到河裡，於是辛苦賺了30元，自己去買一個娃娃，從小家中環境不甚寬裕的黎怡蘭，很早就清楚想要什麼就要自己去爭取。她從國小二年級就在農場打工賺零用錢，【我不敢說我穿得很好，但我小時候吃得很好，因為我愛吃！努力賺錢都去買吃的。】她坦率地回憶小時候的自己。

黎怡蘭的自信和自尊心強，來自她天生的樂觀、聰明和熱情。高中時身形小巧又愛笑，所以有個外號叫【小可愛】。她在物理系大二時，開始賣計算機，還是個超級業務喔！學弟妹都愛跟笑嘻嘻的她買計算機，「因為有立即的回饋！」原來她一向就是大姐姐的姿態，賺了錢就請學弟妹吃飯，還買籃球給他們。這時她就已立志要從商創業，尤其大四修了一堂國際行銷，接近滿分的成績，讓她對自己的眼光與判斷更是信心十足。

忙碌的她，功課上只求Pass，每次考前只準備三天就上陣，也真的沒什麼閃失，總是低飛過關。但缺席率讓老師頭痛不已！自認大學生活在精神、物質上都很充實愉快的黎怡蘭，這點只好說抱歉！這段期間她想了很多，靠著家教及各項兼差業務，大學畢業時已經存了一百多萬的積蓄，當時她清楚

知道自己的方向，也有相當的本錢支撐她的夢想。

為創業做準備

大學畢業時，她就打定主意起碼進兩個大公司磨練。首先是在宏碁做業務工作，後來看好電子零組件的市場，便轉到三光行關係企業擔任採購銷售，學著拓展國際市場，了解接單合作的方式。後來覺得經歷還不夠，為了增加自己的膽識，她把自己丟到國外遊歷，從德國開始，幾乎踏遍歐洲，也到過亞洲，後來又往美國。她在這時訓練自己用英文思考，培養溝通能力，雖已有不錯的英文底子，但她精益求精，要自己真正講得很溜，到能和人談判的地步。

1992年回來沒多久，她這時遇到目前的創業夥伴，由於此人是主修電腦資訊工程，且有很好的邏輯分析能力，黎怡蘭則有很好的國際行銷眼光，當時兩人用僅有的32000 元就創辦憶弘國際，從代理音效卡開始。黎怡蘭的大膽自信再次得到證明，由於她擅用週遭的環境資源，所以總有把握能將事情做好。

最年輕的總經理

25歲就當總經理的黎怡蘭，當年曾被譽為最年輕的總經理，她很坦率的說：「我不是理想家， 而是很務實的執行者，我自己一直很愛看書，把自己當學生一樣，不斷吸收資訊。當我想進某個產業時，自己對主題會先做研究，有問題就馬上請教別人。」黎怡蘭很喜歡舉一個例子，商場有兩種人：一種是老是在起跑線觀望別人怎麼做，才想著要跟進的人；一種是找到正確方向就往前衝，把別人遠遠丟在後面的人。「我喜歡當第二種人，這的確需要勇氣，當然也會有風險，所以我更依賴學習。其實覺得有風險，常是因為不了解，真正瞭解的話，風險性其實非常有限！」

黎怡蘭如何把競爭對手遠遠丟在後面呢？

初期憶弘看好多媒體的音效卡的需求，所以以音效卡起家。1993年時就獨家代理SoundGalaxy銀河魔音卡切入多媒體市場。就因為自己的技術知識和行銷能力，能對國際產業做分析評論，雖然她常有和別人不一樣的意見，但業界很多人都蠻尊重她。跟著產業及市場需求的變化，她察覺到硬體整個環境利潤下降，開始思考換跑道。

「其實那時的多媒體產業正在轉型，原先是硬體帶軟體跑，當整個環境成熟，硬體部分大家各擁山頭而立時，局勢就很清楚。電子業不是打技術優勢，就是攻價錢優勢。既然臺灣的技術優勢不夠，我們代理的音效卡品牌被迫退出市場，只好放棄這個領域，開始經營代理全方位電腦光碟。」黎怡蘭總是果斷的決定要什麼，不要什麼。

她除了自創米利亞商標，又陸陸續續引進美商 SOFTWARE TOOLWORKS的The Animals等，並以Broderbund Software公司之LIVING BOOKS系列幼教光碟奠定米利亞光碟的基礎，1996年就開始籌設國內光碟代理發行部門，該部門業務範圍包含國內製作光碟之國內外代理發行，米利亞光碟產品客戶服務（包括Internet網路服務）及跨媒體業務之行銷整合。

為了充實產品種類，1996年一月正式和美國知名搖桿大廠－THRUSTMASTER簽定合約，成為該公司台灣區代理，並於二月開始引進FCS、PFCS、F-16、FLCS、F-16 TQS、WCS、RCS、,ACM GAME卡及最新車狂套件T2供應給國內THRUSTMASTER的愛用者。

1996年10月獲得世界最大娛樂集團迪士尼正式授權，憶弘為該公司新科技互動部門Disney Interactive台灣區唯一代理，專責Disney高科技電腦光碟之行銷企劃通路開發及客戶服務。.憶弘國際還取得Broderbund Software獨家改版發行權利，擁有台灣及大陸華文之獨家改版及發行權利。第一片中文改版成功的幼教光碟Just Grandma & Me（祖母與我），得到原廠Broderbund之品質認可，上市後好評不斷，創造銷售佳績，並得到大陸發行商的注意，目前已積極進行簡體字之改版。

1997年10月又得到台灣華德迪士尼商品部門委託，授權設計銷售迪士尼Toy Story (玩具總動員) 及Little Mermaid (小美人魚) 系列造形之文具商品。

憶弘國際因應銷售通道及市場之改變，1997年全心致力開發新的銷售管道，目前成績斐然。T-ZONE、震旦行、家樂福、金石堂、何嘉仁、SOGO..... 等皆已成為憶弘新的主力客戶。憶弘為深入幼教市場除了積極成立Disney幼教部門外，並加入來台表演的"迪士尼嘉年華會"中迪士尼多媒體電腦樂園的活動，會場準備20台電腦長期性展示並提供來賓試玩由憶弘代理發行之各項迪士尼電腦光碟產品。

在1998年9月憶弘獲得新聞局核准增加製作部門，還接下馬英九的競選光碟製作喔!更與Havas interactive 簽下一年六片Knowledge Adventure 之幼教精品JumpStart 系列中文化的版權。由於代理的光碟品質優異，獲得許多老師的推薦，雖然這幾年籠罩在金融風爆的不景氣陰影下，憶弘仍舊以預定的腳步前進，全力擴大業務範圍，跨向多元化經營。

把多媒體當流行業經營

早在1992年，黎怡蘭開始進入多媒體業時，那時大家都認為多媒體要以技術取勝，所以研發能力要強。黎怡蘭卻告訴別人，研發是很重要，但在多媒體產業重點上，順序應從行銷開始，把它當Fashion來經營。她認為多媒體一定要和人性結合，所以七年來，黎怡蘭一直把它當Fashion的行業在經營，「我覺得跟我的個性也比較適合，我喜歡Art的領域，具有這方面的天份，比較有把握做得好。」

當時大家都看在製作光碟本身的商機上，但專研行銷的黎怡蘭明白真正會有利潤的，是在成功的character所帶來的商機。「我不是忽略研發，而是時機還沒到」大家都沒有注意到相關的周邊產品，所帶來的利潤，憶弘則嚐到甜頭。

年輕的黎怡蘭獨排眾議，大膽地發揮談判長才，簽下Disney、Broderbund這樣的大的軟體發行商，憶弘國際一直就是光碟界代理性產品的明星。並且除了代理也漸漸往改版、製作的方向發展，現在又結合網路市場的開發，展現黎怡蘭對市場的敏銳。

最近更在Hello Kitty、哆啦A夢(小叮噹)熱潮中，因握有這兩項明星商品，而出盡風頭。「我不是純粹押對寶，我是認真觀察思考來的。」

粉紅Hello Kitty

去年因為考慮Disney中文化光碟成本過高，回收不易。黎怡蘭冷靜的分析，國內市場對美式卡通人物的興趣已漸退，瘋狂搶購的景況不再，因此考慮放棄Disney光碟代理。那麼下一步該如何？平常愛逛街，觀察市場景氣

的黎怡蘭，恰巧在台中出差時，被一家粉紅色的店面所吸引，當時眼睛一亮，便走進店家一探究竟。第一次認識Hello Kitty後，發現日本人果然是設想周到，將相關產品做得精緻小巧，從Hello KITTY的日用品到文具都一應俱全，覺得似乎頗吸引人，開始研究可不可行。

她想到這兩年蓬勃的哈日風，且這次的金融風暴，讓日本人得到教訓，開始對外開放，談生意容易多了。於是她很努力開始學日文，1998年就順利與日本SEGA簽下Hello Kitty和哆啦A夢(小叮噹)PC遊戲產品之代理，除了SEGA外，最近更和富士通，也順利簽了代理的FinFin(虛擬電腦玩伴一海豚鳥)電腦系列光碟的合約！憶弘塞翁失馬焉知非福，又打了漂亮的一戰。

「那時真的很掙扎，想了好久，不過這次深深覺得有捨才有得，老祖先的話果然是對的。」

身經百戰的黎怡蘭如何和大廠打交道

憶弘總是跟國際大公司往來，是否有什麼秘訣呢？「其實就是把握住原則，做好功課，分析雙方優劣勢。貿易本就是互相依賴的關係，還有平常隨時就要準備好自己，自己沒有準備的話，機會來了也把握不住！大大小小的國外廠商都對華人世界的市場很感興趣，我們只要懂得經營市場，他們就會找我們，願意和我們配合。」

「之前我強調行銷，三年前我已開始培養研發技術人員了，我其實是評估資源與市場在做事。之前政府比較鼓勵硬體業，軟體業都苦哈哈，那時國內市場對多媒體的需求也不大，動輒二三百萬的製作費投資，明眼人都知道根本無法回收，處在一種惡性循環的環境。但現在環境又改了，消費者喜好變了，政府開始提供預算給教育類光碟片。我們看好幼教軟體，也會考慮異業策略聯盟，一起開發市場。」

飯糰家族網路戰

當初HiNet想耕耘幼教圈時，有很多家在競爭。憶弘提的案子他們覺得很感動，因為構思新穎、別具創意，HiNet還特地開了一條高速公路給他們使用。「憶弘另外成立憶弘資訊，耕耘網路市場。三個月就完成上網，全部In house，我非常喜歡這個產業，很認真在經營，自己來才能保持原創性。」

「我們當然不是臨時起意的，我已經研究一年多了！我看過很多國外的兒童網站，他們都真的很替兒童著想，沒有濃厚的商業味。他們真正發揮網路的即時、互動的樂趣，內容很用心，教他們正確使用電腦，是一個輕鬆學習的環境。小孩子本來就很天真，我們大人有義務去過濾網路資源。引導他們學習，對小朋友的教育，我認為讓小朋友覺得有趣是很重要的！有趣的介面與內容小孩子才會想去接近、使用，然後真的會主動學習吸收。」憶弘對

HiKids覺得責任很重大，對家長和黎怡蘭自己才有交代。

黎怡蘭認為，做行銷的人一定要用User的角度看事情，不要執著自己的觀點，她自己平常就在分析自己，為什麼對某樣東西有好感？這個東西有什麼特別之處？雖然是很簡單的道理，但不容易做到。

HiKids雖是網路的新生兒，但黎怡蘭研究網路的心得，又跟別人不同囉！她老神在在的說：「我相信我判斷的沒錯，過不了多久，你就會驚訝網路可以這樣玩！現在網路上還沒有什麼成功的例子，網路還不是很成熟的產業，所以大家都還在觀望。等到有很多成功的案例做為基礎，那時網路這個產業才是真的成熟！」

燒錢是藉口

黎怡蘭對網路有一些不一樣的想法。她認為經營事業就是要有回收，起碼要有嚴謹的規劃，要能交代資金怎麼運用？多久可以回收？能回收多少利潤？自己要先想清楚才能叫人家投資。她認為現在大家都說網路是燒錢的事業，「我覺得這是藉口，抱持這種想法的人不可能當市場的領導者！」

網路既然也是一個產業，就要有一份完整的經營計畫。「我提投資計畫，會有專業判斷做支撐，我說得出每階段的計劃，預計何時回收，不會在時間點上打問號，吸納資金時必須妥善運用。」黎怡蘭對進軍電子商務很有信心，多媒體出身的憶弘資訊預估2001年可以有5億元以上的營業額！

EC的商機？

進軍網路前，黎怡蘭照例苦思研究許久。照她不服輸的個性，絕對是有把握才出手，這次推出Hikids，只用三個月和十餘人的人力，為什麼她這麼有把握？她這次又看出什麼機會了？她這次大膽認定網路的牛肉不在狹隘的電子商務。

「之前我也曾經有迷思，以為網路的商機在電子商務、廣告上，但我認為不僅於此，若以為利潤來自EC或廣告，那是因為大家把網路當媒體或通路的關係，像Amazon就是把網路當一種銷售媒介。網路絕不止這樣，行銷最重視的是切入點要獨特，找得到利基才能和別人拉大距離，一窩蜂絕對沒用，網路上充斥著非專業的人玩專業的東西，過一陣子一定會有一番淘汰。」

那麼到底網路的牛肉在哪裡？黎怡蘭說先問自己認為網路是什麼？很多人把它當媒體，當通路，但黎怡蘭則認為：「網路是一個即時、互動的的資訊工具！你要站在消費者的角度看，從人的基本人性出發，才能找到答案！網路業者要把自己定位為提供服務的人，消費者才會需要你，你也才能真正親近消費者。」

開放的組織文化

「我的管理既有美式的開放、責任制、目標管理，又兼有中式的家族溫情、為同仁考慮性向、生涯規劃。我自己本身很重視傳承。因為人要看得遠，把經驗分享出來，對公司、產業都好，我喜歡這樣的企業文化，我將經驗分享給大家。比如說我以前一天要工作16小時，但現在幹部培養起來了，都很優秀，所以可以輕鬆一點，只要十個小時。」

憶弘國際的員工平均年齡25歲，黎怡蘭面試時不會重視學歷，但會問他們現階段想做什麼？你是否能勝任這樣的工作？提醒他們要有抗壓性，且要有心理準備工作上的挑戰。黎怡蘭的彈性與公私分明從與同仁的相處上可看出端倪，「上班時間我是總經理，態度上不能造次，但下班時我是你們的大姐姐，要撒嬌沒關係，儘管來。」一派黎怡蘭式的灑脫！

黎怡蘭的靈活在許多地方都可以發現，「像我平常都穿得很休閒，行動方便就好；但是出席正式場合，我也會盛裝打扮，因為這是一種禮貌，對別人是一種尊重。」

黎怡蘭很強調公司是個團隊的概念，所以氣氛和諧很重要。若有人很能幹但待人處事不及格，在辦公室明爭暗鬥，黎怡蘭會不客氣的請他走路。「經驗能力可以慢慢培養，但包容力與單純的心態是與生俱來的，而且很難能可貴，這種人的潛力無窮。」

黎怡蘭在言談中常提到能捨才能得，可不是隨便說說，對自己的人生規劃她也抱一樣的態度。「再過幾年，我想退居幕後走入家庭，事業就交給有能力的人來做吧！我真的相信，能捨才能得。」

思路、講話都很快的黎怡蘭，連人生規劃、事業經營也比一般人快，在網路這種講求速度的環境，相信是很悠遊自得的，「不管拿到什麼牌，把它打好就是了。」真是天生創業人的口吻！

百羅網 總經理
張華禎 1962年生
AB型 水瓶座
台灣大學商學系工管組
UCLA企管碩士
不管是投資理財風、證券債券業務興起、軟體國際戰，在什麼領域都擔任先鋒角色的張華禎，這次又抱著勢在必得的雄心，前進網路業。張華禎說：「網路業沒有第二名的位置，百羅網要做到華人第一購物網站！」

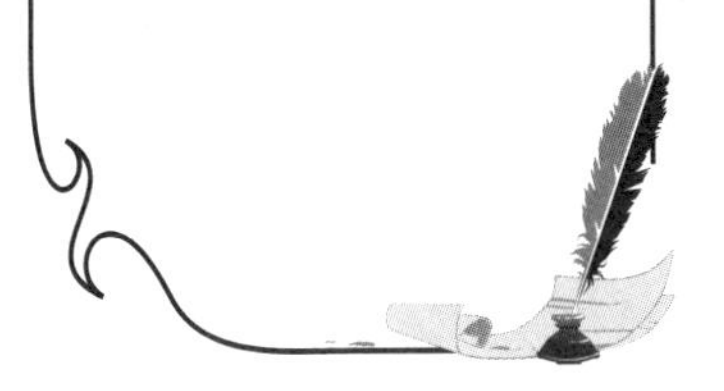

自在的大學生活

張華禎大學時壓根沒想到要做什麼大事業，自認過著「鴛鴦蝴蝶夢」的大學生活，張華禎回憶「一考完大學聯考，就像放出籠的小鳥，以為從此就一帆風順，畢業後就有好工作等著。那時覺得自己很平凡，別人都很聰穎優秀，只會羨慕別人。」

大學畢業，在法商百利銀行工作，雖勝任愉快，但她體認到，即使是號稱重視實力表現的外商，還是需要有國外MBA的學歷，才比較有升遷的希望。兩年後，就準備留學考試，順利地到UCLA念MBA課程。

在那兒，張華禎對美國的MBA教育開了眼界。「在台灣，課堂上只有老師的聲音，學生都不問問題的。但是在美國，尤其MBA的訓練，要求每個人要能清楚的表達自己的意見，非常的實務取向。」

她印象很深刻的是，學校安排面談的課程：先從見面時如何握手等該注意的細節教起，然後約時間請專人面試，用錄影機拍攝過程，之後再一步步解說該如何修正。後來張華禎結束學業後，直接在美國接受面試，獲得花旗銀行的工作，回台北就職。

「其實本來是拿到美國那邊的Offer，但是覺得台灣的熟悉環境，較能規劃自己的Career。我知道自己的個性不是求穩定安逸的生活，這點台灣的機會較多。」她笑著說。回國後的她還真的歷練過不少領域，悠遊自如。

第一代先鋒

當時張華禎回國沒多久，花旗正好嘗試投資銀行的業務，在當時的台灣是很新的觀念，她倒是很高興被派去參與這項投資顧問的工作。

後來，1990年開始，證券業大幅開放，大型綜合券商紛紛出現，張華禎又恭逢其盛，從第一代承銷人員做起，每天跟企業主解釋為什麼要上市上櫃，輔導他們上市。1991年，債券市場也開放，當時才28歲的張華禎就當上協理，每天處理幾十億的資金。

當初只知道風花雪月的大學生，因為幾次在新領域衝鋒陷陣的歷練，眼界與見識已全然大開，相信「掌握機會、接受挑戰、創造時勢」的張華禎，一次一次在競爭激烈、見血封喉的商場，有漂亮的成績單。「我很喜歡那種create something的感覺！」總是笑瞇瞇的張華禎，回憶起過去那些從無到有的經驗，特別開心。

踏入軟體界

1993年，張華禎轉到新興的軟體界服務，這對從財經界出身的她，又是新的挑戰。這家目前鼎鼎有名的趨勢科技，當時還是個只有三十多名員工的公司，然而，成功的國際行銷，使趨勢科技迅速成長，張華禎也一步步升為全球財務長暨執行副總。

趨勢打國際戰的經驗，讓張華禎的功力又大增，這時的她已是個非常傑出的專業經理人了。被問到女性經理人的適應問題，她則頑皮的答：「30歲以前，要想辦法裝老練；30歲以後，就要想辦法裝年輕！」她強調，男女工作能力絕對沒什麼不同，懂得安排時間，排解壓力，想辦法做好每一件工作就是了！自己蠻喜歡專業經理人的身份，也有出色的表現，參與創業則是另外的故事了。

參與訊連的創業

當時，在大學校任教的先生，擁有世界一流的影音技術專長，在外面有一家小小的Project House，接一些零星的案子。在軟體界有多年行銷經驗的張華禎，偶爾為先生出主意，灌輸一些經營公司的觀念：「任何程式、軟體要做成產品，才能不斷複製，也才能發揮它的最大價值，不然公司永遠長不大。」

於是，在張華禎指點下，先生和幾個工程師開始嘗試將程式商品化，1996年年底，辦了一場說明會，吸引了許多人的注意，開始有許多人有意洽談生意。1997年，小公司找不到有經驗的經理人前來處理日益龐大的業務，先生不得已只好內舉不避親，請她擔任公司經理人，就這樣，張華禎放棄了趨勢的高薪及職位，參與訊連的創業。當時訊連科技有8個人，以一百萬起家。

1996年的訊連只有又小又舊的辦公室，連採訪的記者都有鎖在電梯的危險，公司成員除了工程師，張華禎是唯一的業務代表，一手包辦公司的財務、行銷、出貨、業務。處變不驚的她，倒是很看得開，「之前先生都不曉得我在忙什麼？現在不必多做解釋，他就知道我的辛苦了！」

97年張華禎辦了一場成功的記者會，有不少廠商與記者前來，然而，有一段時間業績一直掛零，眼見薪水要發不出來了，張華禎以「保齡球戰術」，精確鎖住最大的圖形加速器顯示卡廠商搭售，終於成功將產品推進市場，使訊連一戰成名。「軟體業的Value只有在擴散到一定程度才顯現得出來，搭售的方式對當時資源不足的訊連是很好的選擇。」

訊連的產品圍繞在影音的領域，張華禎很有自信的表示：「當初設定的目標就是打倒Xing，現在已經做到了，但是還是要不斷保持技術的領先。目前唯一能跟我們競爭的只有在矽谷的五家公司，所以我常勉勵同仁，我們是打全球的戰爭，當我們休息時，別人還在工作！」公司牆上掛著美西、東京、台北、德國的時鐘，隨時提醒大家競爭的意識。

看好網路的潛力，除了「PowerDVD」播放軟體和「影音播霸

PowerPlayer」等，訊連的「影音快捷郵件VideoLive Mail」、「立可通視訊電話軟體LinkTEL」、「魅力四射Medi@Show」及「影音捕手PowerVCR」等，都是叫好又叫座的產品，被英代爾選為最有特色的應用軟體。吸引許多國外媒體來台專訪，連著名的Business Week 都曾報導，以它為台灣高科技軟體公司的成功典範。

國際行銷戰

訊連在軟體界的成績頗為突出，除了產品本身優秀外，歸功在張華禎的行銷能力。「許多工程師出身的科技公司，都以為只要產品好，銷路一定好。這當然不是錯誤的觀念，但是很可能走一些冤枉路，非常可惜。我常跟同仁說，自己關起門來知道產品好沒有用，要客戶說好才有用。」

訊連從一開始就很注重行銷，而且還是國際行銷，最早就有10%產品銷售海外，得到國際大廠認可，絕不以台灣的影音技術權威自滿，工程師出身的先生就被她影響不少，想法不再一版一眼，也有許多變通。

從1998年，訊連就已經喊出I計畫：「international（國際化）和internet（網路）」

i計畫首部曲 International

從1997年初張華禎加入訊連，1999年訊連就有營業額一億的成績，這是軟體業的一個重要關鍵點，表示將來後市看好，今年新春記者會上，張華禎一咬牙就喊出達成30%的外銷比率。因為過去都是伴隨硬體搭售至國外，喊出這個目標後，她積極到各國接洽代理商，談簽約合作，果然在十月，就達到外銷60%的比例。

這個成績更讓張華禎更有信心：「軟體是一個Winner takes all的領域，若是居第二名，那麼so so，但排名第三的話，就只有等死的份，沒有任何機會。趨勢在防毒軟體名列前茅；友力在影像處理領域獨占鼇頭；訊連呢？要拿下影音領域的第一！我們有一流的技術和人才，我找他們進來，就有責任要將公司帶到第一的境界，不然我就對不起這些同仁！」

目前訊連除在美、日設有分公司，其他地方共有十餘個銷售據點，除了搭售，在零售的成績上也頗有斬獲。成功達到I計畫的第一步--國際化。

i計畫I部曲 Internet

結合網路與服務

至於網路，首先她要求公司產品全面「Internet Enable」，能應用在網路上的產品才研發！並且透過網際網路銷售，提供更多個人化服務，如主動傳遞DVD Title的資訊，試圖拓展Internet Multimedia software的新境界。

此外，由於體認近來網路已為下一個世紀打開了全新的網路行銷領域，因此產品設計上，提供更多網路相關應用的智慧型工具軟體，訊連科技最新版軟體即有提供電腦用戶最直接且最方便的即時智慧型網路服務，藉著訊連內建於軟體『入口網頁i-Power』的新增功能，提供相關網站及搜尋功能。

例如最近甫榮獲Best of Comdex工具類大獎的Medi@Show，在新版中新增了網頁串流（Web Streaming）技術，有炫麗的３Ｄ特效、且有自動連續播放等功能，對於已建置網站的企業而言，將可簡化網頁多媒體的製作。

「i Power入口網頁」擁抱網海計畫，將依旗下產品屬性建置DVD、數位影音、軟體的三大網站，在軟體產品之外朝經營社群網站發展。除了將自行經營「i-power」網站之外，也將以共同品牌（Co-Brand）的方式，和其他網路內容提供者合作，目前已在美國、台灣尋求策略聯盟伙伴。

張華禎表示，我們改變過去軟體一次賣斷的方式，而嘗試讓軟體業者和使用者維持更長久的關係。雖然提供網路服務勢必增加軟體業者的經營成本，但這不是眼前關心的重點，而是希望藉由軟體附加價值的提昇，建立產品優勢，與競爭者區分。我認為未來軟體究竟是賣產品或賣服務的分野，將不再那麼明確，結合軟體與服務將是必經之路。

Buy Low Feel High

另一方面，則另外成立百羅網，與旅行社、Discovery、巨圖科技等合作，以開發旅遊的電子商務市場切入網路界。「因為目前這個領域還沒有領導者！」

張華禎與行家旅行社的老闆是好友，行家旅行社正想突破傳統經營模式，卻苦無技術支援；張華禎則早就有意進軍網路界，兩人一拍即合，很快就敲定這個異業結盟。一向無畏挑戰的張華禎，看好網路電子商務的潛力，另外成立百羅網股份有限公司，也擔任總經理，再度在新領域中闖蕩，希望能在旅遊網站的領域拿下第一。她分析：「根據美國電子商務相關統計，排名前五大的網路銷售產品依次為旅遊、電腦硬體、電腦軟體、衣服、書籍。旅遊營業額的早就佔電子商務市場三分之一，但卻只佔旅遊總支出2%，旅遊市場潛力由此可見一斑。」

網路只有第一名的空間

百羅，是取BUY LOW的諧音而來，打出「百樣商品，包羅萬象，殺到最低，買到過癮」的口號。除了主力旅遊相關服務，百羅網目前還提供多樣電腦軟硬體、DVD等影音光碟，將來的目標是成為華人區消費者心目中第一採購網站！

在張華禎看來，經營軟體事業和經營網路事業，相同的地方在於都是經營無體資產，且都是未來最有希望的產業。軟體業進軍網路業非常有利，不但不衝突，還有互相助益之效。「當然兩者還是有一些不同，軟體公司比的是技術，網路比的是速度，同樣的經營模式，誰先推出市場，誰就贏得先機，滑鼠一點的時間就決定勝負，網路只有第一名，沒有第二名的位置，比軟體業又更激烈。」

師法網路教父-Amazon

張華禎過去在經營軟體領域時，把Microsoft Secret當聖經在讀，而現在進軍網路界，則邀同仁在週五晚上進行Amazon.com的讀書會。「研究世界第一的成功法則，才會對我們有所啓發！在軟體界，微軟是老大，我就研究微軟；在網路，若是做入門網站，就要研究YAHOO；若是做EC，當然就是研究AMAZON囉！」從百羅設定的師法對象，就看得出百羅的企圖心！

現在說到電子商務，因為美國走最快，所以要參考他們的模式，「美國的環境現在已經是大魚吃小魚的競爭情況，至於台灣，則是池塘中幾隻小魚游來游去，彼此誰也碰不到面的情況，還談不上競爭，而是要合作的時候！」

對網路的信仰

「當初網路在美國剛興起時，也有不少人抱著懷疑的態度，報紙上常有不同意見發表，尤其電子商務兩年前興起時，也是有很多人質疑電子交易的安全性。但漸漸地，就沒有人懷疑網路的未來，現在台灣對網路有不少爭議，這是好事，表示大家已經在思考，應該很快就會有激烈的競爭。」張華禎表示。

據張華禎觀察，現在民國60年次以後的人，對網際網路幾乎從不懷疑，但之前的人則還對網路有所疑慮。「百羅網要找的人才，則是要對網路有信仰的人。我自己身為經營者，也要丟開過去的包袱來適應這個新領域的遊戲規則，放手讓年輕人嘗試，不然員工很難做事。」

管理經驗要時間累積

如何挑選網路業的人才？張華禎認為理想中百羅網的員工，如果有傳統業界的經驗再加上對網路的信仰，會是最好的組合。「以網路行銷來講，過去一個行銷計畫要跑幾個月，但網路是比快的市場，可能幾天就要完成一個行銷計畫，如果有足夠經驗才能在短時間內下精準的判斷！」

也許因為張華禎待過花旗銀行，她認為外商的一些管理模式仍是值得效仿的。「公司本就是營利組織，需要很好的管理架構，將來公司怎麼成長，都不會太離譜。外商講求效率，他們的管理是一個已被證明成功的模式，公司賦予每人清楚的工作目標，自己排定自己的進度，井井有序，卻又保持扁平的管理關係。經理人負責定目標，而定目標本身就是學問，需要時間與經驗

累積。YAHOO雖然一開始是由兩個年輕人創始，但後來還是找來年長的經理人管理公司的運作流程！」

張華禎在趨勢與訊連的經驗，也讓她對組織膨脹所遇到的問題有很深的體會。「我見識過當初趨勢由30人成長到200人，訊連也是從8人成長到65人，不同時期、不同規模的組織有不同的運作方式，這點我相信過去的經驗足以Handle百羅可能發生的問題。」

事業與家庭

張華禎對夫妻一同創業抱持很高的肯定：「我們有不同專長，一個懂技術、一個懂行銷管理，互相激盪想法。我認為夫妻一起創業是很好的Solution，兩人生活步調很一致，當然默契也是多年慢慢培養起來的。也有意見不同的時候，基本上守住就事論事的原則很重要。每天我們送小孩上學後，在咖啡廳共進早餐並計畫一天的行程，然後就各忙各的。晚上八、九點一定回家陪小孩，看看書報，收E-mail，即使一百多封我也親自回覆，如果還透過別人，就會喪失網路的效益。」張華禎對書報不挑食，除了財經、時事、旅遊，連八卦雜誌都會翻一翻，她稱這是「掌握社會脈動！」此外自己也是網路迷，一天不上網就非常不習慣，即使很忙碌也興沖沖的學起ICQ，對網路的一切充滿著好奇。

只看未來

張華禎有時也想，若一直待在花旗或趨勢，現在絕對是光鮮亮麗的高級主管。「有些人天生就是創業家，我覺得自己當專業經理人蠻好的，只要完成老闆的任務就好。創業的風險和壓力和專業經理人相比又大得多！」但她也強調「我是個只看未來的人，當初投入創業，拜訪客戶時，別人都用一種『沒聽過』的眼光看這家小公司，跟以前響亮的Title完全不同的待遇！但這都不影響我的決心！我認為得到機會時，就要做到最好，這樣才對得起自己！」

她曾發表感想「我的堅持就是『既然要做，就要比別人快五年』、『既然要賣、就要賣到全世界』、『既然要打、就打國際行銷戰』」而外表親切開朗，美麗自信卻自認反骨的她，在刻苦的環境下也都一一做到了！

「我在工作上很投入，高科技界競爭激烈，我不敢說百分之百兼顧家庭，但我一定盡可能抽空在事業、自我成長之外，將時間全部照顧家庭，陪伴小孩成長。因為小孩子是一生中永遠也不會提領支出的財富！」雖然張華禎輕鬆帶過，卻更突顯出她身為一位女性經理人的韌性與能耐。

104人力銀行 總經理
楊基寬
B型 天蠍座
成功大學外文系

由於楊基寬當年亟思一個全新的事業，正好遇上網路的興起，因此成就了104人力銀行的成績。台灣網路界第一個達到9位數營業額的104人力銀行，是運氣嗎？

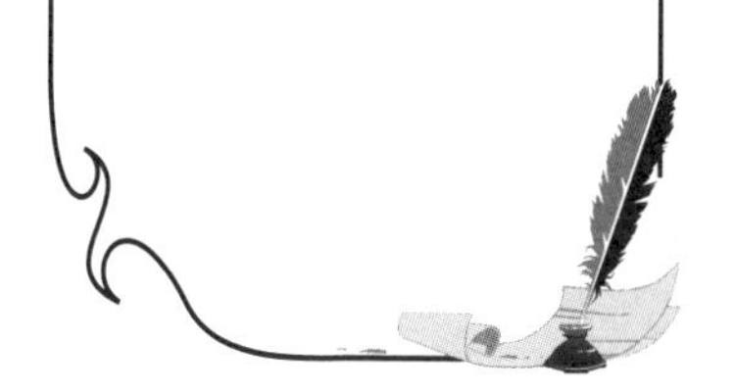

拍畢業照前的5分鐘

楊基寬在大學四年，從來不知道也沒有去想過自己為什麼要唸書？更不明白學生的本分就是將書念好。這樣過了四年後，一直到畢業典禮時，同學聚在一塊拍畢業照前的那一刻，才感受到時間過得這麼快，自己已經要離開學校了，其它的同學似乎都是帶著充實的學問，開心的離開學校；而自己卻是非常空虛的。

在那五分鐘內，他意識到自己竟然浪費那麼多時光，他知道自己再也沒有本錢浪費時間，因為時間成本比人家高太多了。在大學生涯結束前，他終於學習了一件事：他要珍惜時間，做有意義的事情。

畢業後，他進入電腦業，是個成功的業務主管，曾派駐歐洲兩年餘，後來公司因經營不善而解散。他在34歲那一年，和其他八位同事，創辦精元電腦，生產筆記型電腦，有過兩年內衝破10億元的成績。

但這時外在的榮耀抵不過心裡的聲音，他回想起大學時唯一學到教訓的那五分鐘，他開始懷疑這樣不斷重複通路開發、行銷品牌的生活，要一直持續下去嗎？

加上當時精元電腦在嚐到成功的甜頭後，鬥志稍減，不管在成本控制、推陳出新的動作上都緩慢下來。經他勸告無效，又怕創業伙伴強力慰留，只好

留下便條紙，從此踏出公司，沒有回頭。慶幸的是，楊基寬與一手創建的精元，經過這次的陣痛，後來雙雙都因而成長。

37歲率性的代價

在完全沒有準備後路的情況下，楊基寬在家蟄伏了整整一年半，不斷思考「我要做什麼來證明自己是對的?」當時離開精元的理由，就是因為自己比人家多一分對產品的堅持，多一分對自己的期許。他心裡很清楚，到任何一家電腦公司上班，一定駕輕就熟，但是他不願意重複過去的路，而亟思求突破，做有意義的事。

從小個性上就為別人設想的楊基寬，念外文系之後，更加多愁善感，對社會的關心更比一般人敏感、深刻。駐歐的經驗，讓他對台灣人文環境的貧乏更是有深切體認。但他仍抱著樂觀的想法：與其發牢騷，不如自己動手來做改善。

他開始試著將他多年的管理經驗，投稿報社，由於見解獨到，持續了三、四個月的寫作。雖然滿足一部份心理需求，但他也覺得這些經驗、智慧，沒能實際應用很可惜，雖然他一心想做社會公益事業，但在自己還靠老婆薪水的日子，這個想法似乎是不切實際。

他在翻報紙求職欄的經驗中，深覺台灣求職環境的粗糙：刊載的廣告令人眼花撩亂、缺乏對求職者的保障與尊重。他回想在歐洲的日子，得到一個結論：歐洲地區生活水準、人文水平很高，就是因為社會福利不錯，大家生活上不虞匱乏。而在台灣，因為社會福利不完善，大家只好忙著「謀生」，當生活是一種負擔時，自然形成物質化導向的社會，也衍生許多怪現象。

於是他決定要做求職服務的工作，讓求職不是一種負擔！但是評估自己的財力、資源，不可能創辦任何媒體事業，更何況若是用傳統媒體，很容易掉入窠臼。剛好這時他在偶然的機會下，在台大的一個園遊會場中，第一次認識網際網路。雖然對網路一竅不通，但那時就感受到網路會是很好的求職求才工具。楊基寬回憶初遇網路時，「我看網路就像看一個很投緣的女孩子，非常喜歡。」

楊基寬開始到處向人請教網際網路的架設，以完成一部網路著作來砥礪自己。寫作的過程，人力銀行的雛形也在腦海中形成。這本書寫到預定的4/5時，楊基寬覺得不能再等待，就放下這本書，直接創設104人力銀行了。當時的求職環境是幾乎全靠報紙這個管道，只有高階主管有專門的人力仲介公司在服務轉職的工作。

二度創業

1995年，楊基寬在自家書房成立104人力銀行，一個人慢慢敲出自己的理想中的求職網站。他指出一般報紙求才欄是以「業者需要求才」這個角度出發，因此向業者收費，但報紙可不管業者是不是真的順利找到人才？在楊基寬眼中，傳統的求職求才管道，對求職者而言不夠人性化、不夠尊重；對求才者也是非常沒有效益、不負責的方法。

104人力銀行則很清楚以「服務求職者」的角度出發，求職者不收費，而初期為了吸引公司來登記，也完全不收費。為了做到心目中的有效、便利，楊基寬很早就針對工作類別、職務、地區、性質作詳細分類，並提供電子報的服務。

這段期間，他自嘲是「厚著臉皮吃軟飯」。為了躲開妻子疑問的神情，他早起出門做運動；知道妻子中午會帶便當回家，也想辦法避不見面。他回憶那段時間：「心理壓力真的很大！我告訴自己和老婆，雖然回去普通公司上班，收入穩定優渥，但這個遺憾會在六、七十歲的時候發酵；我給自己兩年的時間，如果這個理想不幸熬不下去，那我就甘心摸摸鼻子向老婆承認「我錯了」。」

全國最大人力資源網

當時已有「千里馬」的同質性網站，楊基寬大膽抵押房子來取得資金，挾著貼心的服務和大量宣傳，很短的時間內就打響104人力銀行的名聲。以當

時大家對網路還在探索的階段，這樣的大手筆十分罕見。在楊基寬看來，以當時大眾對網路的陌生，這宣傳費應稱做教育費讓大家知道網路有這樣大的便利。

由於在分類上的基本功夫做得紮實，所以訊息傳遞非常精確。後來廠商部分，一個月收費4000元，一年只收24000元，比請一位人事專員便宜得多，對廣大中小企業主來說，十分受用。

104人力銀行沒多久就打出全國最大人力資源網站的名號，四年下來，員工人數增到80多位，擁有40萬名會員詳細的履歷資料，每天將近1000人登記求職。楊基寬最感驕傲的在於：數據顯示這些登記求職的三成都是親友介紹，遠高於看廣告而來的人數。這顯示104人力銀行的穩定成長，以及使用者的高度肯定。

104人力銀行更是台灣網站中第一個有九位數營業額的網站，遠遠領先其他網站。每日平均80萬到100萬瀏覽人次，40萬人次的詳細履歷表，登錄求才的公司超過一萬兩千家，每個月1000多萬營業額……楊基寬對這樣的成績只淡淡地說：「這代表過去求職者不被尊重的心聲，終於有管道可以提供出口。」

經營電腦生意和經營網路都一樣成功，楊基寬有沒有一以貫之的道理呢？

「用心！過去在傳統商業環境下，與客戶也是用交朋友的心態往來，小女兒的名字還是國外客戶命名的呢！當年離開精元前，也跟國外客戶誠懇討論過，還請他們幫忙規勸改善。現在經營104是服務事業，更是要用心。」

楊基寬基於一貫的「讓求職不再是負擔」的邏輯下，更陸續增加教育資訊網：羅列各種進修管道；心理網：讓會員先瞭解性向再找合適的工作；850保護你專線：確保求職者面談安全；網路秘書：提供求職進度及提醒服務。基於楊基寬對道德的重視及對社會的關心，104還列有拒絕往來用戶一欄，過濾不遵守「求職禮儀」的求職者；此外更早就設有身心障礙者區，與一般求職者並列。

楊基寬也計畫一個構想：付會員收看廣告的費用。「既然我們有把握把廣告精確地送到目標群手上，發送廣告的成本就降低，在收費上可以便宜一些，且還能與收看廣告的會員分享這筆廣告費用，這是三贏的局面。」

用心的人可以從許多小地方都可以發現104的另類思考模式。儘管陸續有許多人覬覦網路人力資源仲介的大餅，甚至連外商都進軍台灣，但面對104人力銀行，也多從Niche市場下手，不敢正面衝突。

如同大家看好大陸市場的潛力，104人力銀行也準備揮軍大陸，不過，是針對台商做服務，甄選駐大陸的幹部。楊基寬的另類思維是：「我們不是想：市場在哪裡，我們到哪裡；而是考慮需求在哪裡，我們到哪裡。」104人力銀行也會考慮在大陸設點，因為雖然技術上可以無遠弗屆，但細節上的服務還是要當地化。

網路是創意事業

楊基寬不認為經營網路和傳統產業有多大不同，競爭一樣激烈。不過他很強調創意，而這是他目前著墨最多的地方。「我最擔心不能提供有創意的服務。」他認為與電子商務相比，傳統交易是非常商業化的環境，而網路是一個強調「深度服務」的創意事業，經營網路若沒有創意，就沒有意義可言。

他舉一個他很欣賞的網站為例，Epinion (www.epinions.com)是由當初創立Yahoo、Netscape等這些網路先鋒們設的網站。這個網站提供網友發表對任何產品的正、反意見，完全應用網路即時、無遠弗屆的魅力。

「傳統的消費者多是因為廣告的吸引而有購物的慾望，多屬於刺激性消費。現在這種網站的出現，讓大家現身說法，會有良幣驅逐劣幣的效果，好的產品得以發揚光大，廠商不必花錢在行銷、品牌塑造上，而專心於品質的提升，或許很可能又引起另一波市場大風吹。創意與意義是網路世界的基本精神，抽掉了這兩個精神，網路就淪為商業工具而已，但是網路決不只是如此。他們想出這樣的網站並不意外，而是真正領悟網路的意義，才想得出這些點子。」

把事情做對了

104已經能掌握網路的意義：完全以使用者出發，提供便利的服務。楊基寬慢條斯理的解釋：「我相信『人兩腳、錢四腳』的道理，一天到晚想著把前賺進口袋是非常辛苦的事。我當初並不是看好網路業的前景，幻想幾千萬的商機才投入；而是單純地覺得網路對我想做的求職服務很有幫助，所以採用這個「工具」。我一直抱著為別人設想的方法經營生意，金錢、成功反而自動送上門。我想104的成就在於『把事情作對了』。」

做為台灣網路的先鋒及領導品牌，楊基寬覺得十分辛苦。「因為沒有前例或確定的模式可以遵循，完全要自己摸索。」但他也覺得網路或許根本不需要原則，沒有原則的限制，才能包容許多可能性與創意，而這正是網路的精神所在。

目前台灣網路的狀況，雖然看似蓬勃，但真正有創意的網站並不多。楊基寬會看好的網站是真正有創新意義的網站，「當一般人覺得不上網也沒有什麼損失時，所有經營網路事業的人，一定要創造特別的價值才能吸引人。」

此外，經營網路最重要的是提供便利性，如果一個網站沒有提供便利性，就是失敗的網站。104許多貼心的設計都是楊基寬在生活的點點滴滴中，體

會出來的。「平常我會找時間冥想，或是在山上散步時，都是很適合思考的環境。」

放風箏哲學

楊基寬選擇員工最重視的是做人的態度。「人一輩子一定要學的兩件事就是做人跟做事。做事的方法是可以學的，有技術、學歷，沒什麼了不起，別人也可以花時間學。通常能力強的人比較不能包容別人，這是很糟的一點。至於做人成功的方法，就是靠自省。會自省的人，成長的速度就很快，比只會做事的人更有潛力。」

管理上，楊基寬也落實放風箏的哲學，強調帶人要先帶心，他認為只要有一條線牽動著就夠了，鼓勵員工大膽嘗試，大膽創新。「當老闆不代表比員工了不起，只是當員工的經驗比他們多，自己當過很多年的員工，所以知道員工心裡在乎的是什麼。」

104人力銀行在台灣網路資格既老，成績又好，在一片網路股上市上櫃發燒熱中，卻顯得相當低調。「是有不少人想輔導我們上市上櫃，但我覺得沒有必要增資就不必增資，尤其公司目前的狀況還不錯，所以我都回絕了。之前曾看過為了要上市，不斷灌水作假業績，最後因上市沒有通過，結果公司垮掉的例子。將來若有大的計畫，需要大筆資金時，就會考慮增資，我想對員工也好，可以回報他們的辛苦。」

為了證明自己的想法是對的，承受許多苦頭與挫折的楊基寬，非常樂於用自己的故事勉勵大家，為自己的理想堅持下去。他說：「我很高興自己幫這麼多人找到工作，自己又得到快樂，我將來一定可以上天堂！我一輩子追求的就是，『夠了』兩個字，希望回顧一生時，覺得這輩子對得起自己。」用中型會議桌當辦公桌的他，慢慢地道出他的心聲。

由於楊基寬當年亟思一個全新的事業，碰巧遇上與他投緣的網路，成就了104人力銀行的誕生。與大多數積極喊出要創造出多少營業額，網路蘊含多少商機的人相比，楊基寬的另類思考，是否啟示了些什麼？

附錄

盧希鵬教授
目前任教於國立台灣科技大學資訊管理系
在中時電子報的Ctech闢有網路行銷專欄
關於網路的著作有商周出版的「網路優勢三十六計」

網路-新典範時代

平常我總是喜歡舉一個例子來解釋面對網路時應有的態度：用兩隻腳走路的老鼠是什麼鼠？米老鼠？答對了；那麼用兩隻腳走路的鴨子呢？很多人總是不假思索的就回答唐老鴨！但是，其實第二個問題是個陷阱，所有的鴨子都是用兩隻腳走路的。那些回答唐老鴨的人，是因爲他還停在第一題的思考模式中！所以我不斷提醒所有想在網路上有成績的人，一定要能有跳出傳統思維的能力，因爲網路是一個完完全全的新天地。

隨便舉兩個例子吧：

現象一

所有在網路上經營得不錯的，都是實體世界不存在的；而所有在實體世界很成功的企業，在網路上的成績卻是平平的。例如Levis想嘗試在網路上賣牛仔褲，結果就引起傳統通路商的抗議，最後不了了之！爲什麼？因爲實體世界和虛擬世界的利益有衝突！

現象二

傳統世界是由原子(Atom)組成，網路卻是由位元(Bit)組成。原子是會被消耗的東西，但位元不會消失，它甚至有可再生、重組、大量複製的特色。所以現在傳統雜誌如天下、中國時報要上網，全部開放供人閱讀，那會不會影響實體雜誌和報紙的銷售？會。但是大家忽略一點，如果用新模式經營，利用位元的特性，免費開放當期雜誌，但過期雜誌的檢索則收費，讓讀者可以選擇需要的文章，這就是讀者和經營者都可接受的模式。

因此相信年輕人是很有潛力在網路上大展身手的，因爲這是個舊有思考邏輯完全派不上用場的領域，年輕人完全沒包袱，可以做許多大膽的嘗試，很快就建立全新的經營模式。

所有躍躍欲試的年輕人在投身網路之前，還是要先想清楚一些問題，做好基本功課。首先要想的是：網路是什麼？這是個還有待討

論的問題，但可以確定的是：網路不是單純的媒體或傳遞訊息的載體，也不能被簡化爲新的通路。

網站的價值是什麼？當然這也有很多答案，但不應只是Pageview和流量而已，營業額嗎？廣告量嗎？這都有待大家再去思考！

那麼要談網路創業，一定要先認清網路的環境，其實我們可以先從一些和傳統產業有差異的地方談起：

1 定價策略

網路上的經營邏輯和實體世界完全不同，例如會因爲數位的可複製性，所以邊際成本等於零，網路上的定價(Price)是以認定的價值來衡量，這也說明網路上到處充斥免費的資源。眞正「有價值」的服務，在於個人化的貼心服務！

2 經濟規模

網路的經濟規模跟任何一個傳統產業相比，可以說非常低。今天你想經營一個網站的成本和IBM想經營一個網站的成本，是一樣的，大家起跑點相同，且可以保證IBM不會因爲在實體世界中的家大業大，在網路上就佔有優勢！事實上，實體世界中的成功在網路上反而是一種甩不掉的包袱。

3 經濟範疇

網路上的經濟範疇的界線是很模糊的，隨時可以轉換的。網路上有價值的資產，不是廠房、機器或產品知識，而是「人」：眞正認同網站的人！有人潮才有後面的商機！這也說明Amazon在經營書店成功，擁有上千萬筆會員資料，所以可以無所不賣的情況！

瞭解網路後，在經營網站上要注意什麼事項呢？

一個成功的網站要符合三個條件：首先要能被大眾知道你的存在；其次要能讓大眾喜歡，且願意再次光臨；最後，要能讓顧客願意掏出腰包買東西。要能做到這三點，背後的學問就很多，美國哈佛大學的學者Rayport就提出經營成功網站的三個重點：

1 Infrastructure：這是最基本的工作，要有舒服、便利、安全的空間，是所有網站在技術上不可忽略的一環。

2 Content：大多數上網的人都是以找資訊爲首要目的，因此提供豐富詳實的內容是吸引人潮的必要條件。

3 Context：這是最重要的，他以HBO爲例，大多數時候，HBO的擁護者是忠於這個頻道，倒不一定是因爲它的內容。所以營造一個情境也是一個很重要的因素，不過也是難度最高的一點。

經營成功網站的階段目標是什麼呢？

每個在網路上討生活的人，要隨時把網站的定位想的很清楚，隨時調整。

STEP1：經營一個銀河

我認爲，各個網站就像星星。以目前來說，新的星星不管再怎麼亮眼，從整個宇宙來看，都是微不足道，能見度很低的。所以我說，大家要練吸星大法，努力經營一個銀河，把許多星星聚集在一起，或爭取在一個銀河立足，大家才注意得到。Amazon就是一個很好的例子，它提供了一個完美的購書環境，有幾百萬的藏書量，有完善的金流物流Total Solution。他除了賣書成功外，又不斷擴張，將所得盈餘用來繼續投資，逐漸延伸至CD、禮品、藥局等等的領域成爲受人注目的銀河。

STEP2：經營一個宇宙

因爲網路上經濟範疇(Economic Scope)的界線並不那麼明顯，且是很容易轉移的，只要吸引足夠的人潮，就有機會創造商機。照Amazon這樣的擴張手法，會漸漸形成一個類似Portal綜合型的網站，滿足個人的所有需求，那時就不只是銀河，而是一個宇宙。一般的入口型網站因爲不懂得留住人潮，以致於人們都待一下就離開了，這樣怎麼會有商機？光靠廣告是不行的，因爲我們做過研究，證實大多數人上網是爲了找資訊，所以通常不會去注意廣告，眞正去點選最醒目的橫幅廣告不到3%。

我們在此插一段關於廣告的迷思：在傳統媒體上，廣告和實際交易間還有一段距離，以致於今天晚上看到某一項產品的介紹，雖然很心動，但會想哪天有機會再去消費。但在網路上，大家若還跳不出這樣的邏輯，就浪費網路的可能性。現在網路上很普遍的Banner就像傳統馬路邊的看板廣告，除非塞車，不然大多數人呼嘯而過，根本不會注意。而網站上更有許多閃爍著琳瑯滿目的廣告，這對消費者而言，更加視而不見，因爲完全沒有焦點！

網路上的廣告，應該是結合廣告和交易，讓人在點選之後就可以馬上交易，因此，網路廣告應兼具：資訊、娛樂、互動，本身就是一個吸引人的內容，才能吸引人點選。此外，放廣告的地點應有選擇性，像Yahoo就會因爲使用者鍵入汽車，而在顯示結果的網頁上，放汽車廣告，這種量身定做的廣告才是有效果的廣告，Yahoo也才能收取更高的廣告費用。

STEP3：經營太空梭

當你擴張到宇宙的階段，就要小心走入死胡同，避免大而無當。這時就要懂得經營太空梭！太空梭是使用者的資訊代理人，爲使用者在茫茫網海中，搜尋最適合需要的產品和資訊。像Amazon能建立客户交易記錄，隨時爲顧客提醒可能感興趣的商品，且預測一次比一次精確，培養一批對Amazon死忠的客户，這就是Amazon最大的資產。

網路上經營電子商務一定要認清楚，爭的不再是市場佔有率，而是個人佔有率，一定要圍繞在「個人」這一點來思考，而不再用經營什麼產品來思考。一個人需要的商品絕對不止一種，Amazon就是抓住這一點，它成了全天候、無所不包的生活秘書。顧客都很樂意被精確的瞭解，收到貼心的建議，也許SSL還不是百分之百安全，但這樣的消費經驗是很窩心的。

當然交易安全是許多人關心的議題，但有些人太執著於這一點，結果設計一套複雜的認證手續，又讓許多人卻步。

現在的Amazon或許應不再被視爲單純的零售業，或只是一個接訂單的地方，它應該被視爲一種資訊業，一個提供資訊與服務的地方。這也是網路上應注意的一點：以位元的角度出發，重新定位商品是什麼？

電子商務另類思考

其實，也不要把電子商務侷限於在網路上交易，才算電子商務。前一陣子，園區一家泡沫紅茶店在網路上發佈消息，將在幾月幾日由一位美麗的女服務生爲大家服務，結果當天眞的吸引大批工程師光顧，這不也算很成功的電子商務嗎？所以，重點是認清網路的特質，才能藉助它獲利。

如何才能在網路這個新產業佔有一席之地？

1 瞭解生態環境

網路這個環境有一個很特別的地方，就是它的連結很容易、快速，輕輕一點就跳到別的地方去了。因此網站經營者與其讓顧客自己遊走，不如自己尋求策略聯盟，提供完整的服務，緊緊抓住顧客的眼光。最明顯的就是券商推出網路下單開户就送電腦，和網站AcerMall合作的例子。

我曾試過用達爾文進化論來解釋，競爭力強的物種不見得能生存，但競爭力強的生態體系就能生存，怎麼說？Apple的Mac是很強的物種，PC本身比不上它，但Mac終究不敵強大的PC wintel 體系。

因此，經營電子商務一定要懂得策略聯盟，提供使用者完整的服務Total Solution ，形成一個很強的生態體系才不會在Hyperlink的世界中輕易被淘汰。

2 先見之明

這點適用任何想創業的人，假設你今天想進入電視的市場，就不

應該只盯著Sony，以它爲假想敵，以搶下它目前的市場爲滿足。你應該看的是五年後的市場，電視將來可能是隨身攜帶的、嵌在牆上的，有很多可能，你應該去發展五年後的技術，等五年後的市場。

若以網路來說，想經營入門網站，就不要單純以取代目前的KIMO爲目標，應該看一、二年以後的市場，去開發未來的技術，將來的市場就是你的。我常說波特的競爭力理論對網路不夠用，因爲他只注意到現狀的分析，想創業一定要看到別人還沒看到的市場，才是眞的機會。

3技術能力要強

這點又可稱爲毀滅經濟學。一個人想跳得高一定要先蹲下，同樣的道理，想要獲利前，一定要有毀滅自己的膽識。像微軟當初爲什麼要推出Window3.1自己打自己呢?當時它的DOS已經有90%的佔有率，爲什麼還要大費周章推出Window? 甚至後來又不斷推出Window98、NT系列?就是因爲微軟知道，若自己不先毀滅自己，別人會來毀滅它。

唯有自己有很強的技術能力，才能在毀滅自己後，又能浴火重生，否極泰來，不然就只有坐以待斃的份，完全沒有反擊能力，更不用說想領導市場，主導市場。

（圖）

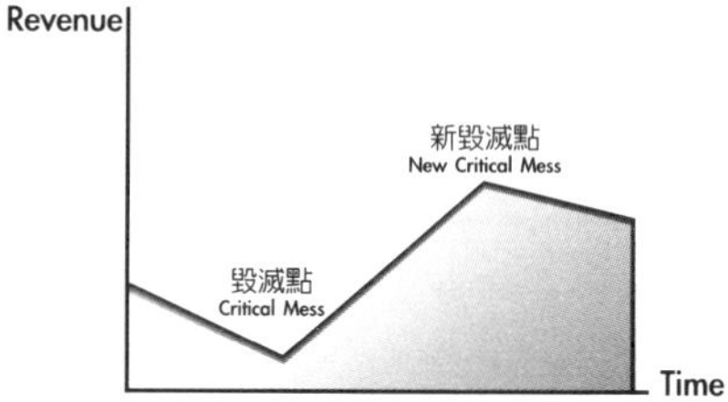

Revenue
新毀滅點 New Critical Mess
毀滅點 Critical Mess
Time

把自己當作上帝

經營網路業應抱著什麼樣的態度呢？由於網路一樣是由人所組成的社會，只是它還是一塊很原始的環境，你可以把自己當上帝，抱著上帝當初開天闢地創造萬物的心情看待它：提供一個舒適的生活環境、就能自然啓動它的生長機制，網友自然而然會聚集，生生不息，形成社群並像滾雪球般擴大。

把網路當成一個有生命的生物(creature)，只要提供好的環境，網友自動會聚集，並幫你做行銷推廣。到時經營者就可以很輕鬆的休息，只要做好維護的工作就好了。

總而言之，網路絕對是一個全新的典範，所以，有心想在這裡耕耘的人，一定要用全新的思考模式來看待它，才有機會。

版權頁

發行人	林再林
出版	媒體工房
地址	114台北市內湖成功路二段512號10樓之一
作者	林春江
美術編輯	王瑄晴
文章校對	張湘玲 李佳俐
出版日期	2000年三月第一刷
頁數	192頁
定價	180元
服務電話	02-87911899
傳真	02-87920866
劃撥帳號	19351231 媒體工房股份有限公司

國家圖書館出版預行編目資料

國家圖書館出版品預行編目資料
網路創講義 / 林春江作.-臺北市：
媒體工房，2000[民89]
面；　公分
ISBN 957-97610-0-0(平裝)
1. 電腦資訊業－臺灣　2.創業

484.67　　　　88016234